计算机基础课程系列教材

大学计算机基础实验教程

毛科技 陈立建 主编

王炳忠 竺超明 郑月锋 周 雪 莫建华 杨丛晶 参编

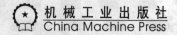

机械工业出版社

China Machine Press

图书在版编目（CIP）数据

大学计算机基础实验教程 / 毛科技，陈立建主编 . —北京：机械工业出版社，2015.2
（计算机基础课程系列教材）

ISBN 978-7-111-48600-8

I. 大… II. ①毛… ②陈… III. 电子计算机 – 高等学校 – 教材 IV. TP3

中国版本图书馆 CIP 数据核字（2015）第 031566 号

本书是与《大学计算机基础》配套的实验指导教材，主要包括 Windows 7、Word 2010、Excel 2010、PowerPoint 2010、Access 2010、多媒体应用技术和计算机网络七大部分共 16 个实验。每个实验都包括实验目的、实验内容和步骤、实训内容三部分。

本书主要作为高等院校相关专业的计算机基础实验教材，既可与本书主教材配套使用，也可单独作为大学计算机基础课程上机实训教材。

出版发行：机械工业出版社（北京市西城区百万庄大街 22 号 邮政编码：100037）

责任编辑：佘 洁

印 刷：北京瑞德印刷有限公司 版 次：2015 年 3 月第 1 版第 1 次印刷

开 本：185mm×260mm 1/16 印 张：9.25

书 号：ISBN 978-7-111-48600-8 定 价：25.00 元

前　言

本书是与主教材《大学计算机基础》配套的实验指导教材，编写目的在于指导学生更好地复习所学知识，完成实践环节，提高上机实验的效率。通过结合主教材的学习，学生可以全面掌握计算机基础知识，提高计算机基础应用能力。

本书主要包括 Windows 7、Word 2010、Excel 2010、PowerPoint 2010、Access 2010、多媒体应用技术和计算机网络七大部分共 16 个实验。每个实验都包括实验目的、实验内容和步骤、实训内容三部分。本书符合现代信息技术教育理念，注重新技术综合应用能力的培养，引导学生系统掌握现代计算机技术的各种应用，深入理解计算机应用技术的基本理论。本书强化对学生计算思维的培养，以提高学生的计算机综合应用技能。

全书共 7 章，第 1 章由浙江广播电视大学萧山学院竺超明编写，第 2、3、6 章由浙江广播电视大学萧山学院陈立建编写，第 4 章由浙江工业大学王炳忠编写，第 5 章由浙江工业大学郑月锋编写，第 7 章由浙江工业大学毛科技编写，浙江广播电视大学萧山学院周雪参与第 2 章和第 3 章的编写，哈尔滨理工大学杨丛晶参与第 6 章的编写。浙江工业大学莫建华对本书提出了宝贵意见。全书由毛科技和陈立建完成统稿工作。

本书得到浙江工业大学重点教材建设项目资助，对此表示感谢！

由于时间紧迫以及作者的水平有限，书中难免有不足之处，恳请广大读者批评和指正。

编　者

目　录

第1章 Windows 7

实验一 Windows 7 的基本操作

一、实验目的

1. 熟悉 Windows 7 界面。

2. 掌握 Windows 7 环境下对文件以及文件夹的基本操作。

3. 熟悉回收站的使用。

二、实验内容和步骤

本实验主要完成如下内容：

1）在 C 盘下新建名为"doc1"的文件夹，并在其下建立名为"test1"的新文本文档，再以相同方法建立 doc2 文件夹和 test2 文本文档。

2）将 test2 文件移动到 doc1 文件夹内，并重命名为"test3"。

3）将 test1 文件复制到 doc2 文件夹内。

4）删除 doc1 文件夹内的 test1 文件，并将其从回收站中清除。

具体操作步骤：

1. 新建文件和文件夹

从桌面上单击"计算机"图标，弹出窗口如图 1-1 所示。

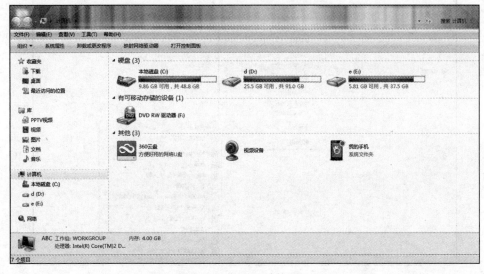

图 1-1 打开"计算机"

双击 C 盘盘符，打开 C 盘，如图 1-2 所示。

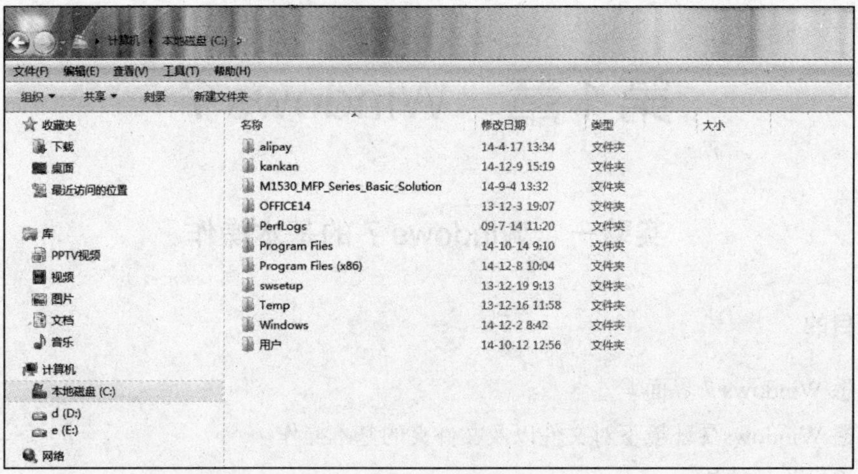

图 1-2   C 盘

在空白处单击右键，在弹出的快捷菜单中选择"新建"→"文件夹"（见图 1-3），新建一个文件夹，并命名为 doc1（见图 1-4）。

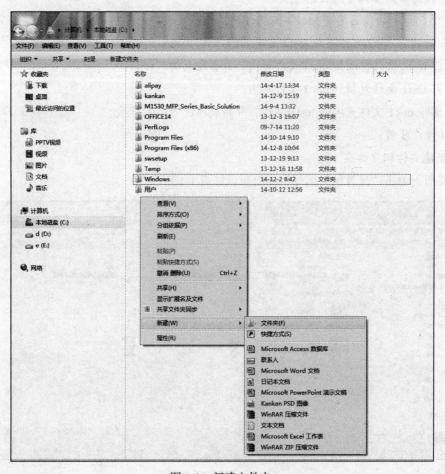

图 1-3   新建文件夹

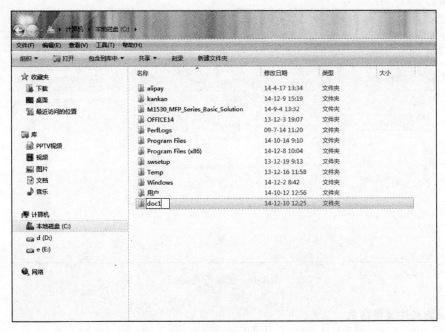

图 1-4　重命名为 doc1

打开 doc1 文件夹，在空白处单击右键，在弹出的快捷菜单中选择"新建"→"文本文档"（见图 1-5），新建一个文本文档，并命名为 test1（见图 1-6）。

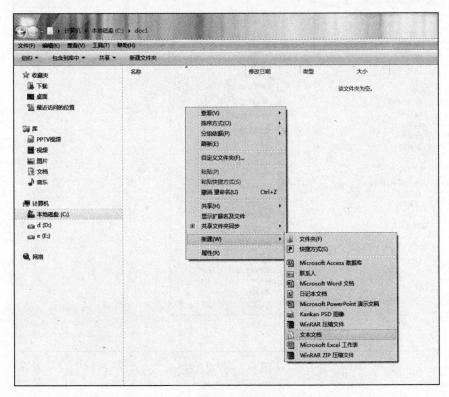

图 1-5　新建文本文档

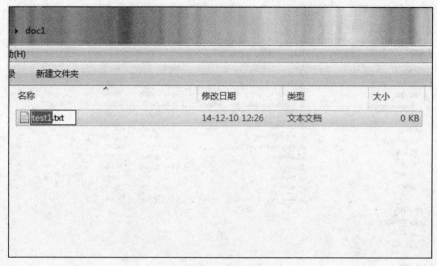

图 1-6　重命名为 test1

2. 移动文件及重命名

1）以相同方法在 C 盘下新建 doc2 文件夹和 test2 文本文档，并在 test2 上单击右键，在弹出的快捷菜单中选择"剪切"（见图 1-7）。

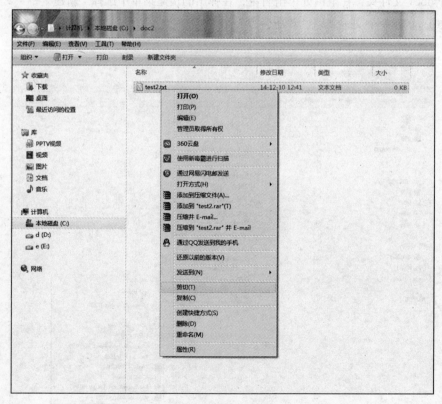

图 1-7　剪切文件

2）在 doc1 文件夹空白处单击右键，在快捷菜单中选择"粘贴"（见图 1-8），test2 文件就被移动到 doc1 文件夹中了。

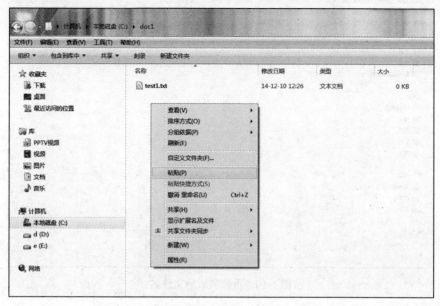

图 1-8　"粘贴"命令

3）在 doc1 文件夹中的 test2 文件上单击右键，在弹出的快捷菜单中选择"重命名"（见图 1-9），然后在重命名框中输入"test3"，即把该文件名改为了"test3.txt"（见图 1-10）。

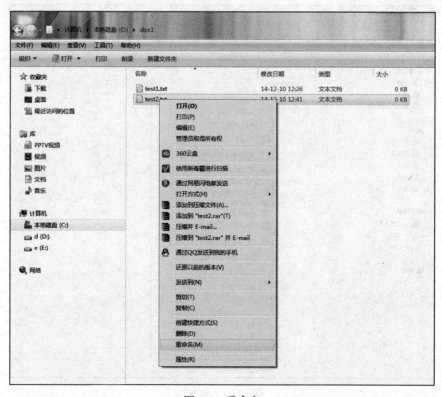

图 1-9　重命名

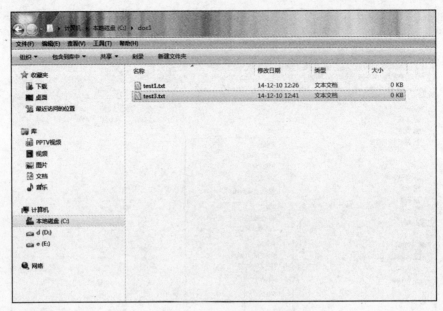

图 1-10　重命名后的文件名

3. 复制文件及删除文件

1）在 doc1 文件夹中的 test1 文件上单击右键，在弹出的快捷菜单中选择"复制"（见图 1-11），再在 doc2 文件夹中空白处单击右键选择"粘贴"（见图 1-12），完成文件的复制。

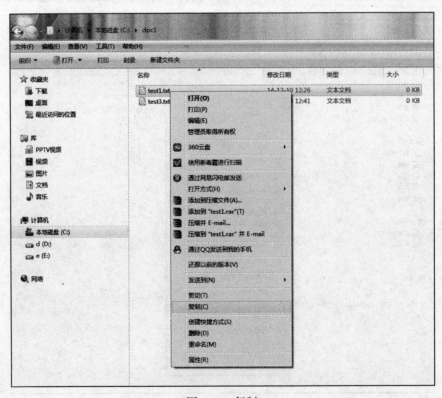

图 1-11　复制

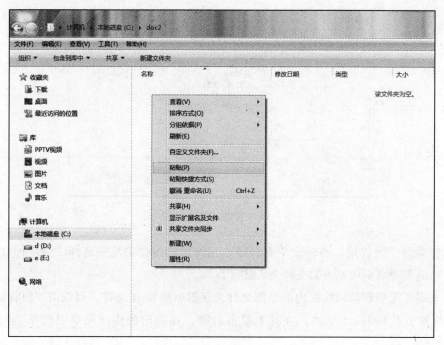

图 1-12　粘贴

2）在 doc1 文件夹中的 test1 文件上单击右键，在快捷菜单中选择"删除"（见图 1-13），弹出如图 1-14 所示的"删除文件"对话框，单击"是"按钮，将该文件放到回收站。

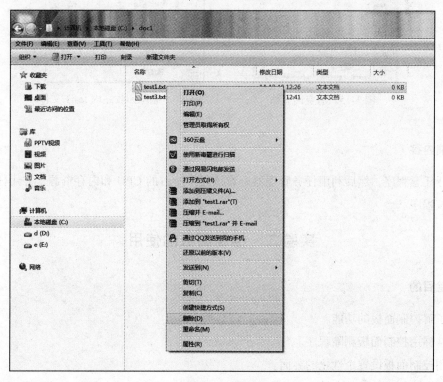

图 1-13　删除

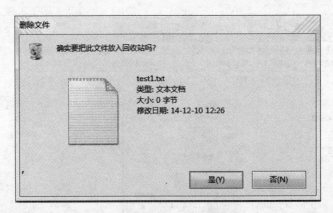

图 1-14 "删除文件"对话框

3）在桌面"回收站"图标上单击右键，在弹出的快捷菜单中选择"清空回收站"（见图 1-15），这样就将回收站内的文件全部删除了。

4）如果不希望删除回收站内的全部文件，只想删除 test1 文件，就双击"回收站"图标进入回收站，找到 test1 文件，在其上单击右键，在弹出的快捷菜单中选择"删除"（见图 1-16）。

图 1-15 清空回收站

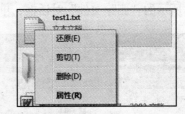

图 1-16 删除回收站内 test1 文件

三、实训内容

打开任意程序，然后利用任务管理器查看该程序所占的 CPU 和内存资源，并用任务管理器结束该程序。

实验二 控制面板的使用

一、实验目的

1. 了解控制面板的功能。

2. 掌握用控制面板删除程序。

3. 用控制面板设置个性化的界面。

4. 学会添加并共享打印机。

二、实验内容和步骤

本实验主要完成的任务如下：

1）删除已安装的"翼支付"程序。

2）将 Windows 7 主题换成"se7en"，更改桌面上的"网络"图标，屏幕保护程序设置为"气泡"，等待时间设置为 10 分钟。

3）更改"日期和时间格式"并将"微软拼音"输入法添加到输入法列表中。

4）根据计算机性能设置视觉效果。

5）添加本地打印机并共享该打印机。

具体操作步骤：

1. 删除已安装的"翼支付"程序

1）单击"开始"按钮，打开如图 1-17 所示的开始菜单。

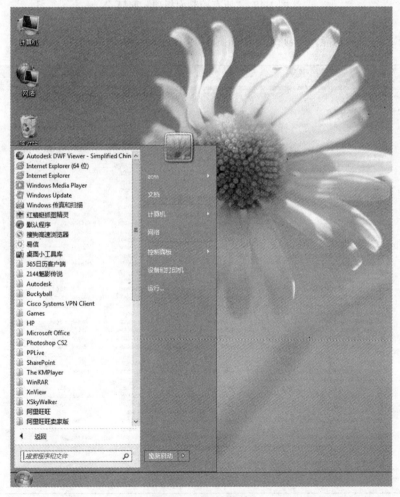

图 1-17　开始菜单

2）单击"控制面板"，打开如图 1-18 所示的"所有控制面板项"窗口。

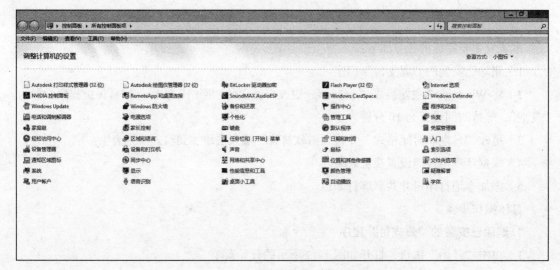

图 1-18 "所有控制面板项"窗口

3）单击"程序和功能"选项，打开如图 1-19 所示的"程序和功能"面板。

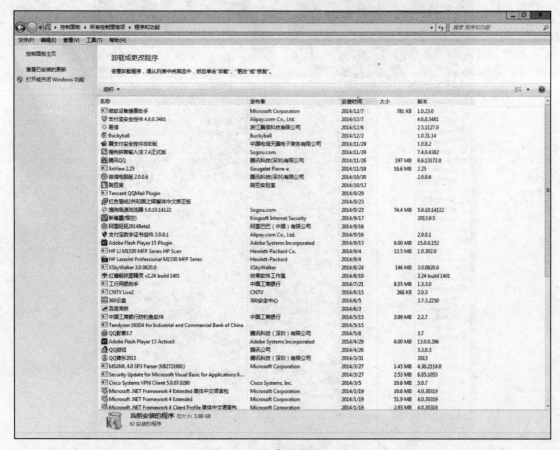

图 1-19 "程序和功能"面板

4）找到"翼支付"控件，并在其上单击右键，弹出如图 1-20 所示的卸载快捷菜单界面。

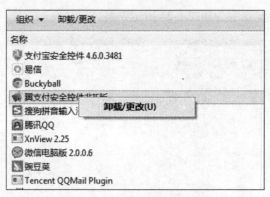

图 1-20　卸载快捷菜单界面

5）单击"卸载 / 更改"按钮，弹出如图 1-21 所示的卸载确认界面，单击"是"按钮，弹出如图 1-22 所示的卸载完成界面，此时该软件卸载完成。

图 1-21　卸载确认界面

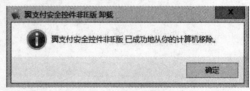

图 1-22　卸载完成界面

2. 设置个性化的 Windows 7 界面环境

1）单击控制面板中的"个性化"选项，弹出如图 1-23 所示的界面。

图 1-23　"个性化"界面

2）选择"se7en"，桌面变为如图 1-24 所示界面。

图 1-24　Se7en 界面

3）在"个性化"界面中单击"更改桌面图标"，弹出如图 1-25 所示"桌面图标设置"对话框，选中"网络"图标，再单击"更改图标"按钮，弹出如图 1-26 所示"更改图标"对话框，选择图标，单击"确定"按钮，桌面上的"网络"图标变为如图 1-27 所示样式。

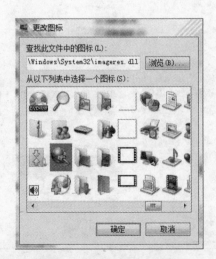

图 1-25　"桌面图标设置"对话框　　　　　图 1-26　"更改图标"对话框

图 1-27 "网络"图标变化后的桌面

4）在"个性化"界面中单击"屏幕保护程序"选项，弹出如图 1-28 所示"屏幕保护程序设置"对话框，在"屏幕保护程序"下拉列表中选择"气泡"，"等待"框设定为"10"分钟（见图 1-29），单击"确定"按钮，屏幕保护程序设置完成。

图 1-28 "屏幕保护程序设置"对话框

图 1-29 "等待"框设定为"10"分钟

3. 设置"日期和时间格式"并添加"微软拼音"输入法

1）在"所有控制面板项"窗口中选择"区域和语言"，弹出如图 1-30 所示"区域和语言"对话框，将"日期和时间格式"改为如图 1-31 所示。

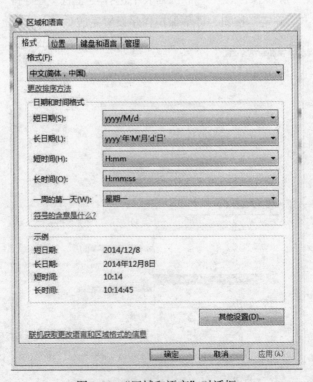

图 1-30 "区域和语言"对话框

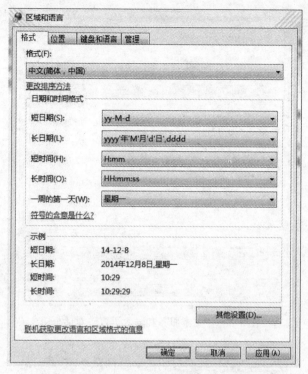

图 1-31   修改后的"区域和语言"对话框

2）单击"键盘和语言"选项卡（见图 1-32），单击"更改键盘"按钮，弹出如图 1-33 所示"文本服务和输入语言"对话框，单击"添加"按钮，弹出如图 1-34 所示"添加输入语言"对话框，勾选"微软拼音"复选框，单击"确定"按钮，"微软拼音"输入法就被添加到用户输入法列表中（见图 1-35）。

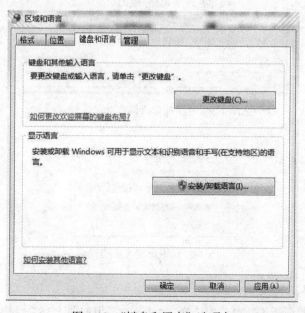

图 1-32   "键盘和语言"选项卡

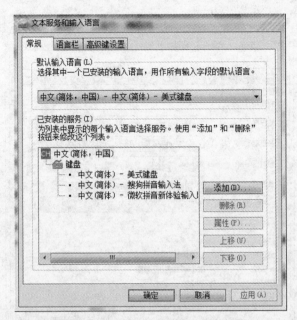

图 1-33 "文本服务和输入语言"对话框

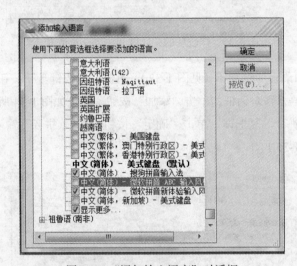

图 1-34 "添加输入语言"对话框

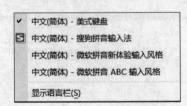

图 1-35 用户输入法列表

4. 设置视觉效果

1）在"所有控制面板项"窗口中选择"系统",弹出如图 1-36 所示界面。

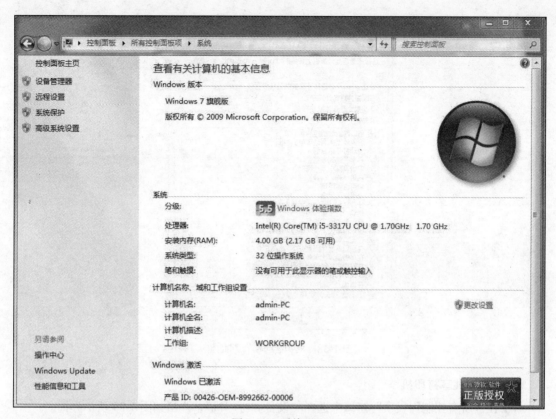

图 1-36　系统界面

2）单击"高级系统设置"，弹出如图 1-37 所示"系统属性"对话框，单击"设置"按钮，弹出如图 1-38 所示"性能选项"对话框，根据本地计算机的性能适当选择效果，以达到最佳性能。

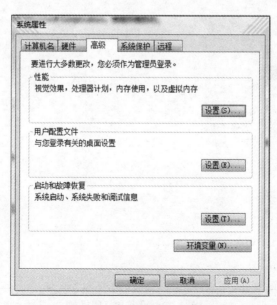

图 1-37　"系统属性"对话框

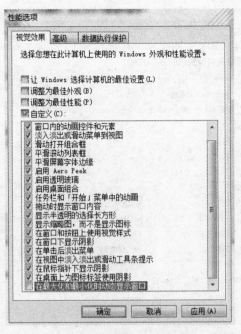

图 1-38 "性能选项"对话框

5. 添加和共享打印机

1)在"所有控制面板项"窗口中选择"设备和打印机",弹出如图 1-39 所示界面。

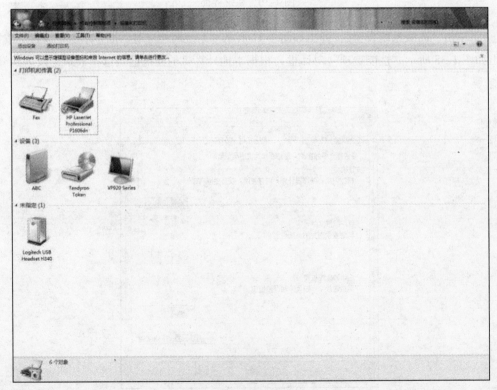

图 1-39 设备和打印机

2）单击"添加打印机"，弹出如图 1-40 所示界面，单击"添加本地打印机"，系统会自动搜索连接到本地计算机的打印机，并将搜索到的打印机显示在列表中，如图 1-41 所示。

图 1-40　添加打印机界面一

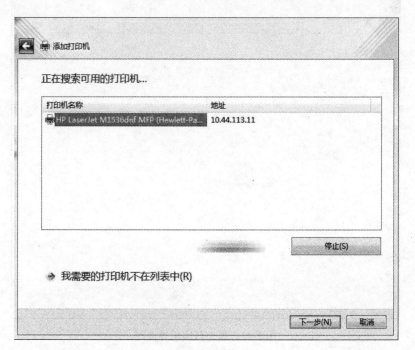

图 1-41　添加打印机界面二

3）单击需添加的打印机，单击"下一步"按钮，弹出如图 1-42 所示界面，单击"下一步"按钮，弹出如图 1-43 所示界面。

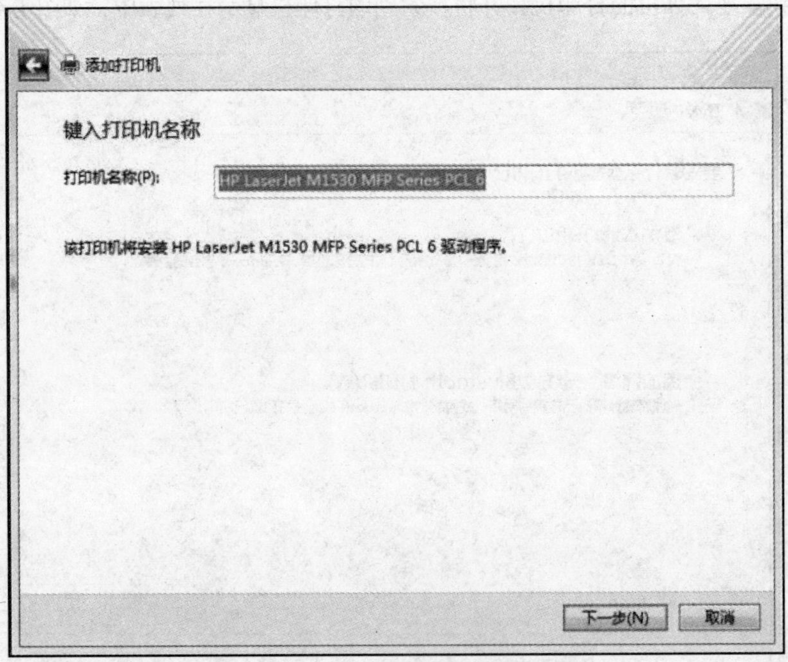

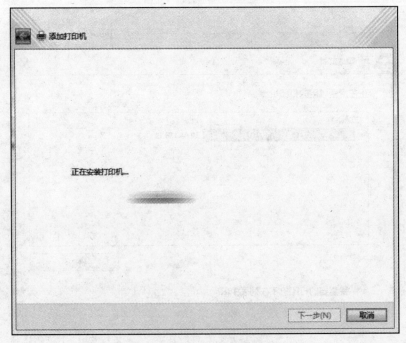

图 1-42　添加打印机界面三

图 1-43　添加打印机界面四

　　4）稍候弹出如图 1-44 所示"打印机共享"界面，勾选"共享此打印机以便网络中的其他用户可以找到并使用它"，在"共享名称"中输入名称，单击"下一步"按钮，弹出如

图 1-45 所示界面，单击"完成"按钮，即完成打印机的安装和共享。

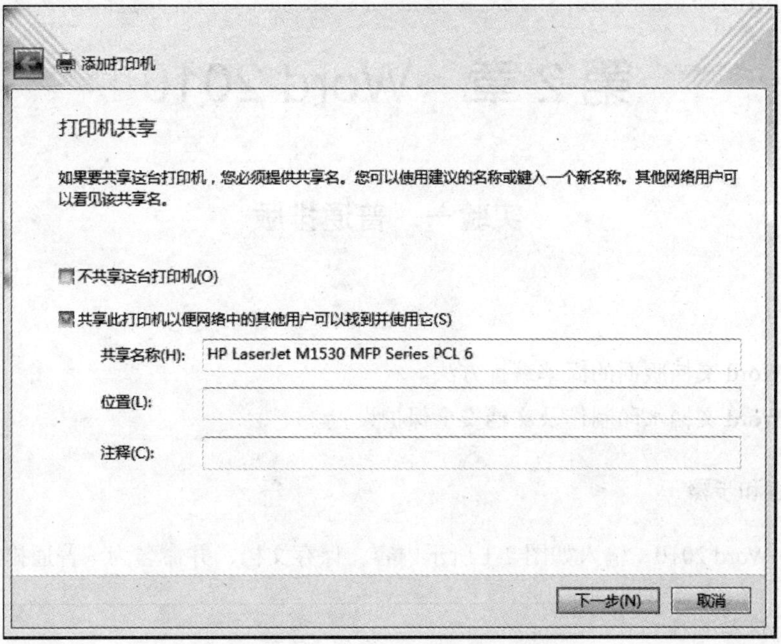

图 1-44 "打印机共享"界面

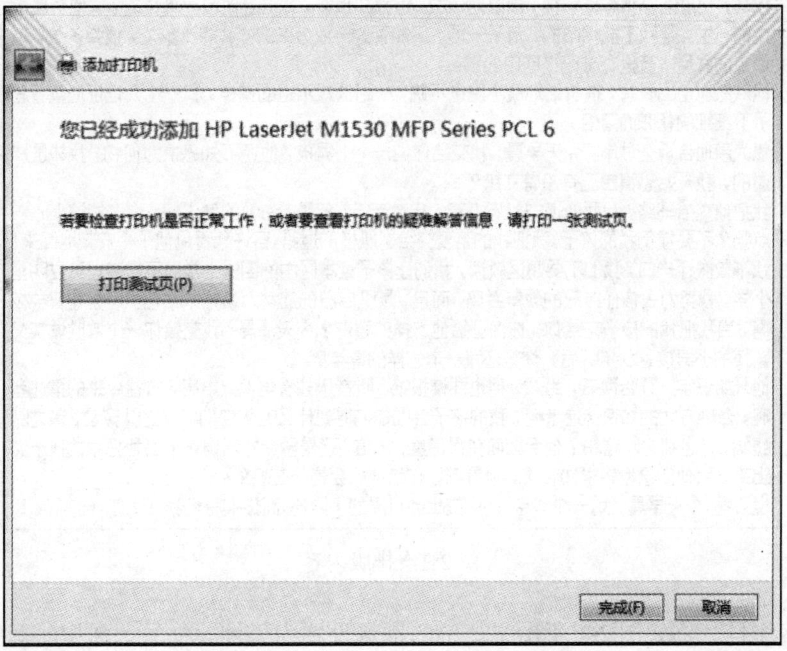

图 1-45 完成安装和共享打印机

三、实训内容

利用控制面板将任务栏设置为自动隐藏，并锁定任务栏。

第2章　Word 2010

实验一　普通排版

一、实验目的

1. 掌握 Word 文档版面的简单编排方法。
2. 掌握 Word 文档水印制作及文档安全保护设置。

二、实验内容和步骤

1）启动 Word 2010，输入如图 2-1 所示内容。保存文档，并命名为"普通排版"。

我交给你们一个孩子

张晓风

小男孩走出大门，返身向四楼阳台上的我招手，说：

"再见！"那是好多年前的事了，那个早晨是他开始上小学的第二天。

我其实仍然可以像昨天一样，再陪他一次，但我却狠下心来，看他自己单独去了。他有属于他的一生，是我不能相陪的，母子一场，只能看做一把借来的琴，能弹多久，便弹多久，但借来的岁月毕竟是有其归还期限的。

他欢然地走出长巷，很听话地既不跑也不跳，一副循规蹈矩的模样。我一个人怔怔地望着巷子下细细的朝阳而落泪。

想大声地告诉全城市，今天早晨，我交给你们一个小男孩，他还不知恐惧为何物，我却是知道的，我开始恐惧自己有没有交错？

我把他交给马路，我要他遵守规矩沿着人行道而行，但是，匆匆的路人啊，你们能够小心一点吗？不要撞倒我的孩子，我把我的至爱交给了纵横的道路，容许我看见他平平安安地回来！

我不曾搬迁户口，我们不要越区就读，我们让孩子读本区内的国民小学而不是某些私立明星小学，我努力去信任自己的教育当局，而且，是以自己的儿女为赌注来信任——但是，学校啊，当我把我的孩子交给你，你保证给他怎样的教育？今天清晨，我交给你一个欢欣诚实又颖悟的小男孩，多年以后，你将还我一个怎样的青年？

他开始识字，开始读书，当然，他也要读报纸、听音乐或看电视、电影，古往今来的撰述者啊，各种方式的知识传递者啊，我的孩子会因你们得到什么呢？你们将饮之以琼浆，灌之以醍醐，还是哺之以糟粕？他会因而变得正直、忠信，还是学会奸滑诡诈？当我把我的孩子交出来，当他向这世界求知若渴，世界啊，你给他的会是什么呢？

世界啊，今天早晨，我，一个母亲，向你交出她可爱的小男孩，而你们将还我一个怎样的呢？！

图 2-1　排版内容

2）段落编排。将如图 2-1 所示文章中的题目设置为黑体、一号、居中。选中作者姓名，设置为宋体、四号、居中。选中作者姓名后面的所有正文段落，设置为宋体、三号、居中，单击"开始"选项卡中"段落"功能组右下角的启动按钮（⬙），在弹出的"段落"对话框中设置"首行缩进"、2 字符、单倍行距。单击"页面布局"选项卡中"页面设置"功能组的"分栏"按钮，在弹出的下拉列表框中单击"更多分栏"，弹出"分栏"对话框，如图 2-2 所示，

设置对话框中相应的项。单击"确定"按钮，将文章分为两栏，完成设置后的文章如图 2-3
所示。将光标插入点移至图 2-3 所示的"灌之以醍醐，"文字后面，单击"页面布局"选项卡
中"页面设置"功能组的"分隔符"按钮（分隔符），在出现的下拉列表中单击"分栏符"，
完成后效果如图 2-4 所示。

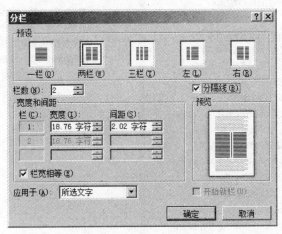

图 2-2 "分栏"对话框

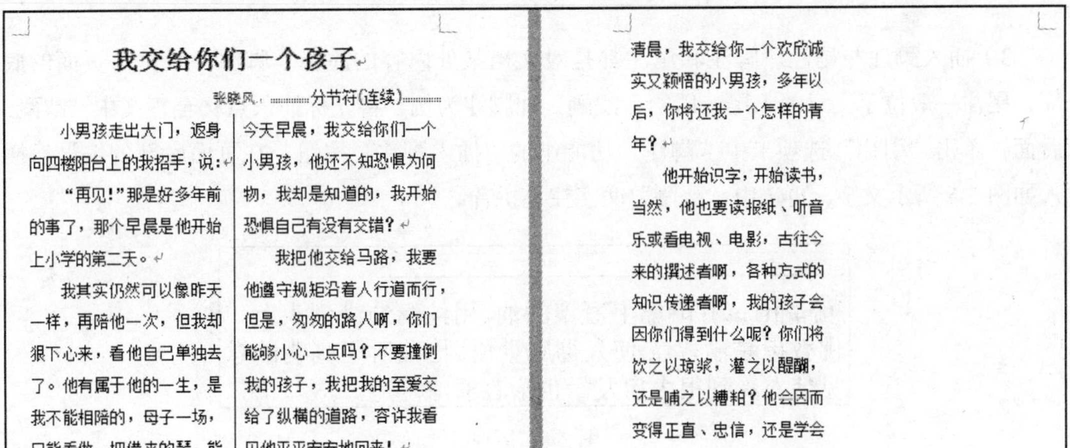

我交给你们一个孩子

张晓风 分节符(连续)

小男孩走出大门，返身向四楼阳台上的我招手，说："再见！"那是好多年前的事了，那个早晨是他开始上小学的第二天。

我其实仍然可以像昨天一样，再陪他一次，但我却狠下心来，看他自己单独去了。他有属于他的一生，是我不能相陪的，母子一场，只能看做一把借来的琴，能弹多久，便弹多久，但借来的岁月毕竟是有其归还期限的。

他欢然地走出长巷，很听话地既不跑也不跳，一副循规蹈矩的模样。我一个人怔怔地望着巷子下细细的朝阳而落泪。

想大声地告诉全城市，

今天早晨，我交给你们一个小男孩，他还不知恐惧为何物，我却是知道的，我开始恐惧自己有没有交错？

我把他交给马路，我要他遵守规矩沿着人行道而行，但是，匆匆的路人啊，你们能够小心一点吗？不要撞倒我的孩子，我把我的至爱交给了纵横的道路，容许我看见他平平安安地回来！

我不曾搬迁户口，我们不要越区就读，我们让孩子读本区内的国民小学而不是某些私立明星小学，我努力去信任自己的教育当局，而且，是以自己的儿女为赌注来信任——但是，学校啊，当我把我的孩子交给你，你保证给他怎样的教育？今天

清晨，我交给你一个欢欣诚实又颖悟的小男孩，多年以后，你将还我一个怎样的青年？

他开始识字，开始读书，当然，他也要读报纸、听音乐或看电视、电影，古往今来的撰述者啊，各种方式的知识传递者啊，我的孩子会因你们得到什么呢？你们将饮之以琼浆，灌之以醍醐，还是哺之以糟粕？他会因而变得正直、忠信，还是学会奸滑诡诈？当我把我的孩子交出来，当他向这世界求知若渴，世界啊，你给他的会是什么呢？

世界啊，今天早晨，我，一个母亲，向你交出她向爱的小男孩，而你们将还我一个怎样的呢？！

图 2-3 分栏效果图一

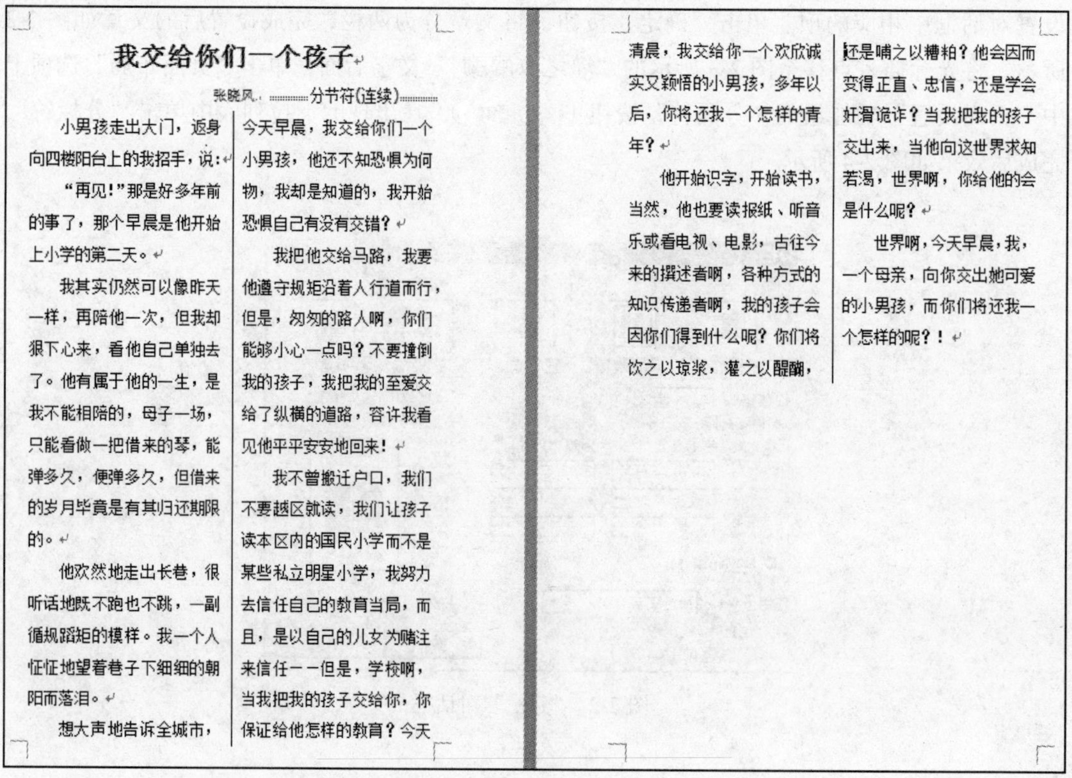

图 2-4　分栏效果图二

3）插入脚注与尾注。脚注和尾注都是对文档某处内容的注释。脚注一般位于页面的底部，尾注一般位于文章的末尾。以给"醍醐"加脚注为例，将光标插入点移至正文中"醍醐"后面，单击"引用"选项卡中"脚注"功能组的"插入脚注"按钮，在页面底部的编号后插入如图 2-5 所示文字，再选中"醍醐"两字注上拼音。

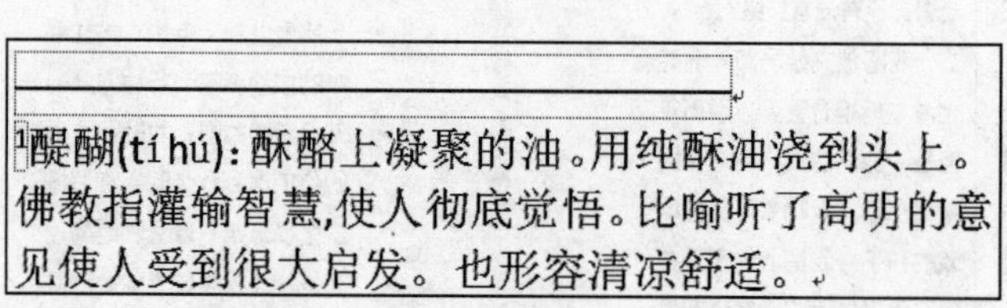

图 2-5　脚注

注拼音具体过程如下：

选中"醍醐"两字后，单击"开始"选项卡中"字体"功能组的"拼音指南"按钮（），弹出"拼音指南"对话框，在对话框中单击"组合"按钮后单击"确定"按钮，但此时拼音在文字上方。选中"醍醐"，单击"开始"选项卡中"剪贴板"功能组的"复制"后，再单击同一功能组中的"粘贴"按钮，单击"选择性粘贴"，弹出"选择性粘贴"对话框，单击其中的"无格式文本"，如图 2-6 所示。单击"确定"按钮。最后效果如图 2-5 所示。

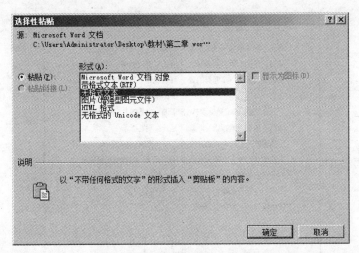

图 2-6　"选择性粘贴"对话框

4）插入水印。单击"页面布局"选项卡中"页面背景"功能组的"水印"按钮，在出现的下拉列表中选择"自定义水印"，弹出"水印"对话框，选择"文字水印"单选按钮，在"文字"框中输入"精美散文"，颜色选择红色，版式选择"斜式"，如图 2-7 所示，单击"确定"按钮后，效果如图 2-8 所示。

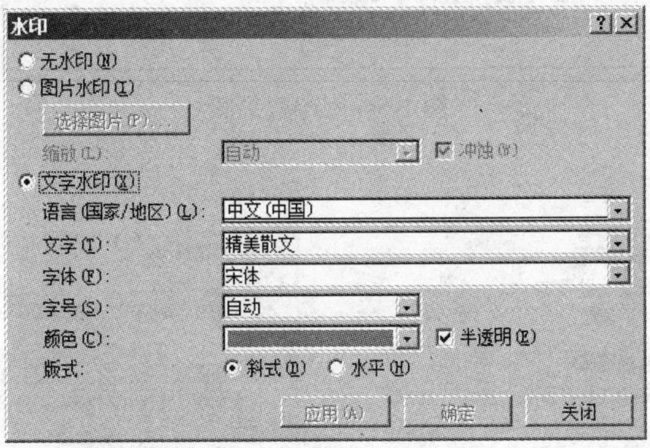

图 2-7　"水印"对话框

5）Word 文档的安全保护。单击"文件"选项卡→"信息"→"保护文档"按钮，弹出如图 2-9 所示下拉列表，选择"用密码进行加密"，出现"加密文档"对话框，输入密码并确认密码后保存，则下次打开时需要提供密码才能打开该文档。

在图 2-9 中单击"限制编辑"，弹出"限制格式和编辑"对话框，可在对话框中设置"格式设置限制"和"编辑限制"。以编辑限制为例，单击勾选"仅允许在文档中进行此类型的编辑"，在下拉框中选择"修订"，如图 2-10 所示。单击"是，启动强制保护"按钮，弹出"启动强制保护"对话框，如图 2-11 所示，输入密码后确认。这时回到文档，看到文档可以进行插入文字或删除等修订，但在"审阅"选项卡的"更改"功能组中，接受和拒绝更改都被限制了。

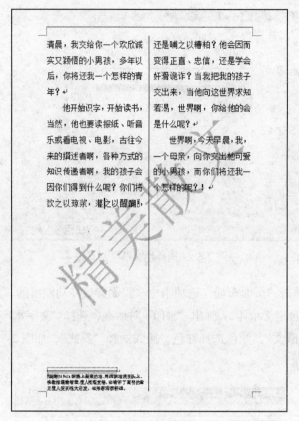

图 2-8　水印效果图

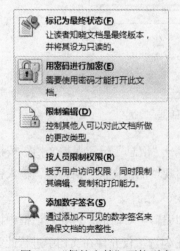

图 2-9　"保护文档"下拉列表

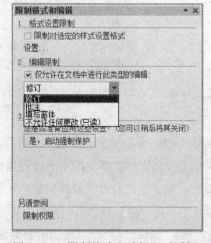

图 2-10　"限制格式和编辑"对话框

　　在图 2-10 中，选择"批注"，启动强制保护后回到文档，文档可以进行批注操作，其他操作则被限制了。以给"循规蹈矩"文字加批注为例说明插入批注的具体步骤：单击"审阅"选项卡中"批注"功能组的"新建批注"，然后在批注中输入："体现出孩子听话及略显胆怯的心理。"如图 2-12 所示。

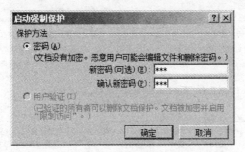

图 2-11 "启动强制保护"对话框

图 2-12 插入批注效果图

三、实训内容

制作如下图所示的调查问卷。

XX 大学大学生学习生活状况调查问卷

亲爱的同学：

您好！为了进一步了解咱们学习生活状况，我们借助课程实习（践）的机会，特开展此次问卷调查。本次调查不以记名的方式进行，您的宝贵意见将有助于我们学习掌握和运用好这门课程，敬请畅所欲言。非常感谢您的大力支持！

社会调查研究方法课程调查小组

2015 年 3 月

请在所选答案的序号上划"√"，或将答案填写相应的横线上（或空格）。

第一部分·基本信息（A）

A1 所在学院_____ A2 您的专业_____ A3 您的年级_____

A4 您的性别 ①男 ②女 A5 您的年龄：（周）岁 A6 您的民族为：①汉族 ②少数民族

A7 您来自什么地方：①四川 ②重庆 ③其它省 A8 您的生源地：①农村 ②城镇

A9 您的政治面貌：①中共党员 ②民主党派 ③共青团员 ④群众

A10 您的月平均生活费_____元 A11 每学期用于学习的消费_____元

第二部分·学习状况（B）

B1 您是否了解本专业的人才培养方案？①是 ②否

B2 您认为本专业的课程设置如何？

①非常合理 ②比较合理 ③一般 ④不合理 ⑤无所谓

B3 您在班级中学习成绩处于什么位置？

①前 10 名 ②中间位置 ③后 10 名

实验二 论文模板的制作

一、实验目的

1. 掌握 Word 2010 长文档排版的基本步骤和方法。

2. 掌握 Word 2010 的页面设置、分节设置、页眉和页脚设置等功能的使用。

3. 掌握样式、题注、交叉引用、目录等功能的运用。

二、实验内容和步骤

根据浙江工业大学本科毕业设计论文撰写规范要求，制作毕业论文模板。论文格式整体上的要求：总体内容结构上分为封面页、中英摘要、目录页、图目录页、表目录页、正文、参考文献等几大部分。封面页不含页眉、页脚、页码。中英文摘要和目录页含页眉、页脚、页码，页码的格式为"I，II，III，…"。正文和参考文献含页眉、页脚、页码等，页码的格式为"1，2，3，…"。页眉中要求含有章节的信息。具体步骤如下：

1. 新建文档

打开 Word 2010，新建一个 Word 文档，保存并命名为"论文模板"。

2. 页面设置

长文档编辑首先考虑的应该是页面设置，通过页面设置来设置论文的页边距、纸张、版式等。论文的页面布局示意图如图 2-13 所示。

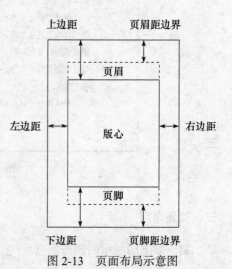

图 2-13　页面布局示意图

页面设置的方法如下：单击"页面布局"选项卡→"页面设置"功能组相应按钮进行各项设置，或单击"页面布局"选项卡→"页面设置"功能组右下角的对话框启动按钮，在弹出的"页面设置"对话框中进行各项设置。

纸张及页面设置等要求如表 2-1 所示。

表 2-1 页面设置参数表

名 称	格式要求
纸张	A4（21×29.7）
页边距	上下页边距 3.7cm，左右页边距 3.1cm，左侧装订并设装订线为 0cm
版式	页眉、页脚距边界 3cm

3. 制作封面页

1）首先，按照表 2-2 所示的封面格式要求输入论文封面内容并进行设置。

表 2-2 浙江工业大学封面格式要求

名 称	封面格式要求
浙江工业大学	以图片形式插入，校徽也是以图片形式插入
本科毕业设计说明书（论文）	宋体一号，居中
（2015 届）	宋体小二，加粗，居中
论文题目	宋体二号，左侧缩进 3 字符，首行缩进 1 字符
作者姓名	宋体四号，左侧缩进 1.48cm，首行缩进 0.74cm
指导教师	宋体四号，左侧缩进 1.48cm，首行缩进 0.74cm
学科专业	宋体四号，左侧缩进 1.48cm，首行缩进 0.74cm
所在学院	宋体四号，左侧缩进 1.48cm，首行缩进 0.74cm
提交日期	宋体四号，左侧缩进 1.48cm，首行缩进 0.74cm

2）输入下划线。需要加下划线的地方按"空格"键，然后选中空格区域，单击"开始"选项卡中"字体"功能组的添加下划线按钮（ U ▼ ）。

3）将文档分节。节是 Word 2010 的一个排版单位，默认情况下，Word 2010 将整个文档视为一节。分节的主要目的是在同一个文档中应用不同的页面设置、独立的页码格式或页眉/页脚内容等。

将光标定位到准备插入分节符的位置。单击"页面布局"选项卡，在"页面设置"功能组中单击"分隔符"按钮。在分隔符下拉列表中选择所需要的分节符类型，如图 2-14 所示。

分节符的显示：单击"文件"→"选项"，在出现的如图 2-15 所示"Word 选项"对话框中，单击"显示"，单击选择"显示所有格式标记"复选框。完成后的效果如图 2-16 所示。

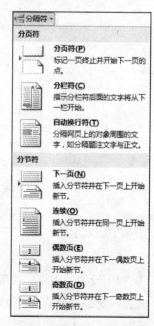

图 2-14 分隔符下拉列表

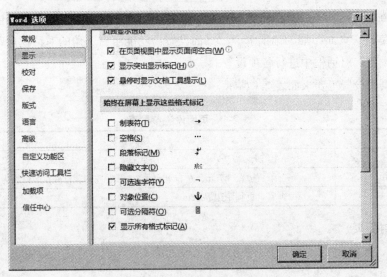

图 2-15 "Word 选项"对话框

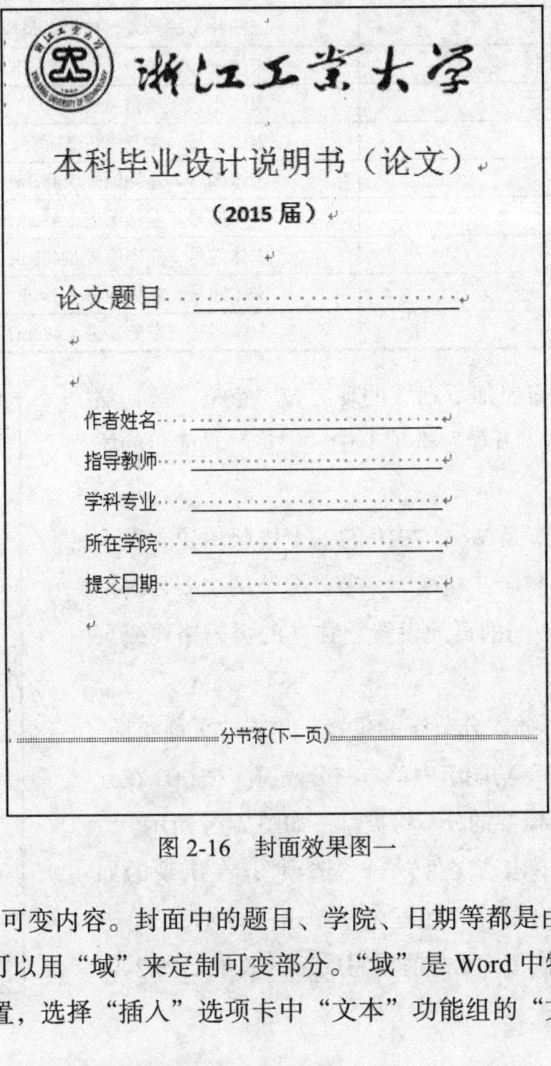

本科毕业设计说明书（论文）

（2015 届）

论文题目

作者姓名

指导教师

学科专业

所在学院

提交日期

图 2-16 封面效果图一

4）设置封面中的可变内容。封面中的题目、学院、日期等都是由学生的具体情况来定的，因此是可变的。可以用"域"来定制可变部分。"域"是 Word 中特定的指令集。将光标定到需要插入域的位置，选择"插入"选项卡中"文本"功能组的"文档部件"按钮，在下

拉列表中选择"域"，出现"域"对话框，在"域名"中选择"MacroButton"，在"宏名"中
选择"AcceptAllchangesInDoc"，并在"显示文字"文本框中输入自己想要显示的文本内容，
如图 2-17 所示，之后单击"确定"按钮退出。也可在其中插入一些说明文本。例如，在刚插
入的域后面加上文字"（宋体小二，不得超过 30 个汉字，题目长可分两行）"。

图 2-17 "域"对话框

作者姓名、指导教师，学科专业、所在学院和提交日期等可按照同样方法插入域。之后，
对插入的域设置各自的样式，最后封面的效果如图 2-18 所示。

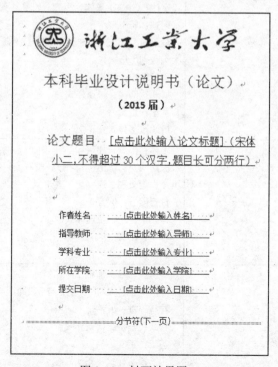

图 2-18 封面效果图二

4. 设置和应用样式

论文内容通常由标题与正文两个部分组成。标题的不同层次分别由不同的字体、字号加以区分，对于较长的论文通常还要分章、节、目（条）、点（款），这些章、节、目、点除了用不同的字体字号加以区分外，还要用多级项目编号进行标注。标题部分通常用样式进行对应的设置，如"章"对应"标题 1"、"节"对应标题 2、"目"对应标题 3、"点"对应标题 4。一般进行简单文档处理时，我们经常用"格式刷"按钮来快速设置文字或段落的格式。如果在长文档中要进行大量格式复制，使用格式刷就显得很笨拙了，而利用样式会大大提高工作效率。样式分为内置样式和自定义样式，内置样式是 Word 本身所提供的样式，用户也可以自己创建新的样式，即自定义样式。自定义样式也可以通过修改 Word 现有的内置样式来实现。

▲ 第2章
2.1 表格
▲ 2.2 公式
2.2.1

图 2-19 目录样式

根据论文对标题格式的要求，其标题编号如图 2-19 所示，用三级目录进行样式设置。

浙江工业大学论文正文排版要求如表 2-3 所示。

表 2-3 浙江工业大学论文正文排版要求

名　称	示　例	格式要求
章标题（无序号）	××	字体：（中文）黑体，（默认）Times New Roman，小二，加粗，居中 行距：单倍行距；段落间距：段前（12 磅），段后（6 磅） 段前分页，段中不分页，大纲级别 1 级 样式：快速样式 后续段落样式：正文首行缩进
各章标题（有序号）	第 1 章　××	字体：（中文）黑体，小二，加粗，字距调整二号 缩进：居中 段落间距：段前（18 磅）；段后（18 磅），段前分页，段中不分页，大纲级别 1 级 首行缩进：0 字符 样式：链接，快速样式 基于：正文 后续段落样式：正文
节标题	1.1　××××	字体：小三，加粗 段落间距：段前（12 磅）；段后（6 磅），与下段同页，段中不分页，大纲级别 2 级 首行缩进：0 字符 样式：链接，快速样式 基于：正文 后续段落样式：正文
条标题	1.1.1　×××	字体：四号，加粗 段落间距：段前（6 磅），与下段同页，段中不分页，大纲级别 3 级 首行缩进：0 字符 样式：链接，快速样式 基于：正文 后续段落样式：正文

（续）

名　称	示　例	格式要求
正文	××××××××××	字体：（中文）宋体，（默认）Times New Roman，小四 缩进：两端对齐 行距：1.5 倍行距 首行缩进：2 字符 样式：快速样式

1）分别建立表 2-3 名称列中对应的各级标题的样式。以新建"章标题（无序号）"样式为例。单击"开始"选项卡→"样式"功能组右下角的对话框启动按钮，打开"样式"对话框，如图 2-20 所示。

在"样式"对话框中，单击"新建样式"按钮（ 🗚 ），弹出"根据格式设置创建新样式"对话框。在对话框名称中输入"章标题（无序号）"，在"后续段落样式"列表框中选择"正文首行缩进"，如图 2-21 所示。单击"格式"按钮，在弹出的下拉菜单中选择"字体"命令项，打开"字体"对话框，如图 2-22 所示。按表 2-3 中的格式要求进行设置，单击"确定"按钮后返回"根据格式设置创建新样式"对话框，再次单击"格式"按钮，在弹出的下拉菜单中选择"段落"命令项，打开"段落"对话框，按表 2-3 中的格式要求进行设置。如图 2-23 所示。

图 2-20　"样式"对话框

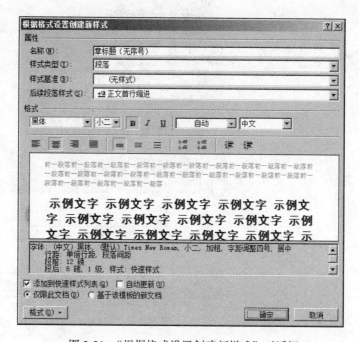

图 2-21　"根据格式设置创建新样式"对话框

自定义样式也可以通过修改 Word 现有的内置样式来实现。一般来说，当内置样式不能满足用户需求时，最常用的方法就是修改内置样式。以定义"各章标题（有序号）"为例，在快速样式列表库中右键点击"标题 1"按钮，在下拉菜单中选择"修改"。

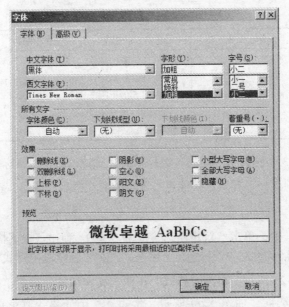

图 2-22 "字体"对话框

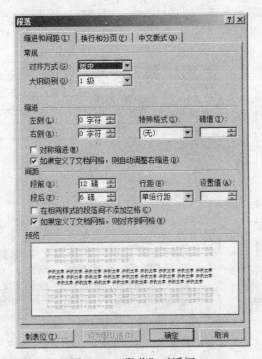

图 2-23 "段落"对话框

完成后可以在快速样式列表中看到新建的标题样式。如图 2-24 所示。

图 2-24 快速样式列表

2）定义新的多级列表。各章节前的序号通过"多级列表"来定义。单击"开始"选项卡中"段落"功能组的"多级列表"按钮（‡ː），在下拉菜单中单击"定义新的多级列表"，弹出"定义新多级列表"对话框。单击要修改的级别 1，在"输入编号的格式"中，分别在数字"1"前后插入"第"和"章"，如图 2-25 所示。其他各级别采用默认的编号格式。

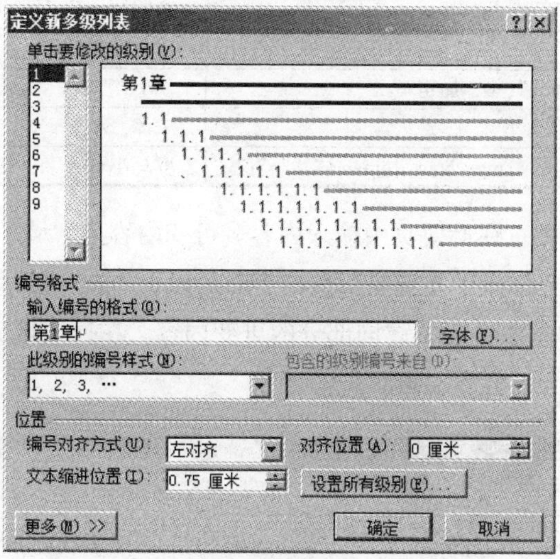

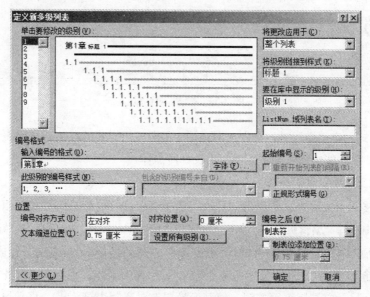

图 2-25 "定义新多级列表"对话框一

3）将级别链接到相应的样式。在图 2-25 中，单击"更多"按钮，在"单击要修改的级别"中选择"1"，在"将级别链接到样式"中选择前面自定义的"标题 1"样式，如图 2-26 所示。完成列表级别与样式的链接。

图 2-26 "定义新多级列表"对话框二

用同样方法设置其他级别与样式的链接。

5. 制作摘要页

在前面制作好的封面页的后一页制作摘要页，摘要页的排版要求如表 2-4 所示。

表 2-4 摘要页设置要求

名　称	中文摘要	英文摘要
标题	章标题（无序号）样式	章标题（无序号）样式
段落文字	正文样式	正文样式
关键词	同上，"关键词"三字加粗	同上，"Key Words"两词加粗
页眉	宋体，小五	宋体，小五
页码	罗马小写数字，Times New Roman 体，小五	罗马小写数字，Times New Roman 体，小五

1）首先制作中文摘要。在摘要页中输入内容。可变内容用"域"定制，操作方法与制作封面页相同。图 2-27 是在插入中文摘要可变内容时的设置，在"显示文字"中输入"单击此处输入中文摘要"，同样方法输入关键词部分的可变内容。在插入域后，可以加上说明内容。图 2-28 是输入中文摘要页内容后的画面。

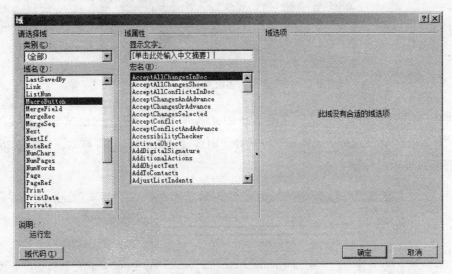

图 2-27 "域"对话框

2）应用样式。应用样式时，首先选择文档中需要应用样式的段落，按照表 2-4 在"开始"选项卡的"样式"功能组样式列表框中单击选择所需样式。

3）制作中文摘要页页眉页脚。

将插入点移到中文摘要页，单击"插入"选项卡中"页眉和页脚"功能组的"页眉"按钮，在下拉框中选择"编辑页眉"。单击"页眉和页脚工具/设计"选项卡中"导航"组的"链接到前一条页眉"按钮（链接到前一条页眉），断开与上一节的链接，"与上一节相同"显示消失。在页眉显示区输入"浙江工业大学本科毕业论文"，字体为宋体、小五、左对齐。

单击水平标尺最左端制表符按钮，使其变换成右对齐制表符（⊐），移动鼠标指针至水平标尺下部刻度条中，在刻度 33 位置处单击，显示一个 Tab 制表符（⌐），将光标插入点移到"浙江工业学本科毕业论文"后，单击 Tab 键。单击"页眉和页脚工具/设计"选项卡中"插入"功能组的"文档部件"按钮，在弹出的下拉列表中选择"域"，打开"域"对话框。在"域"对话框中选择"链接和引用"类别选项，然后在"域名"框中选择"StyleRef"域，再在"样式名"列表框中选择"章标题（无序号）"，单击"确定"按钮。

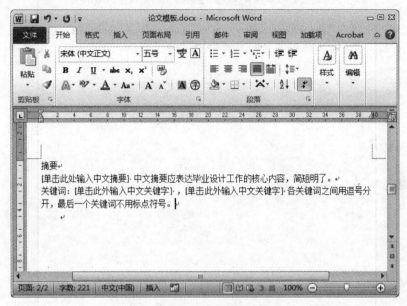

图 2-28   中文摘要页内容

单击"页眉和页脚工具 / 设计"选项卡中"导航"组的"转至页脚"按钮，单击"页眉和页脚工具 / 设计"选项卡中"导航"组的"链接到前一条页眉"按钮，断开与上一节的链接，"与上一节相同"显示消失。单击"页眉和页脚工具 / 设计"选项卡中"页眉和页脚"组的"页码"按钮，在下拉列表中选择"设置页码格式"，弹出"页码格式"对话框，在对话框的"编号格式"中，选择罗马数字（i，ii，iii，…），"起始页码"文本框中设为 i，如图 2-29 所示，单击"确定"按钮。

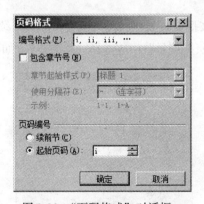

图 2-29   "页码格式"对话框一

最后，与封面页一样，在中文摘要页内容后面插入分节符，完成后的中文摘要如图 2-30所示。

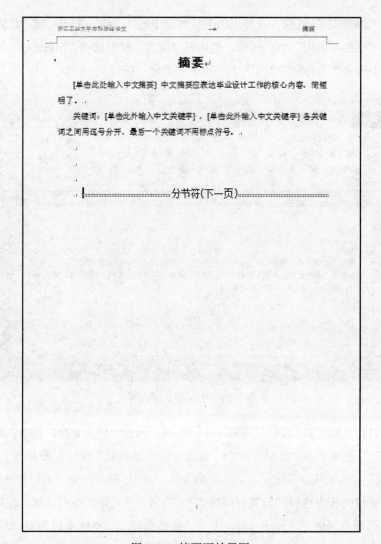

图 2-30　摘要页效果图

英文摘要页的制作与中文摘要页类似。英文摘要页的页码续接中文摘要页的页码，因此在"页码格式"对话框中，"页码编号"中应选择"续前节"。如图 2-31 所示。

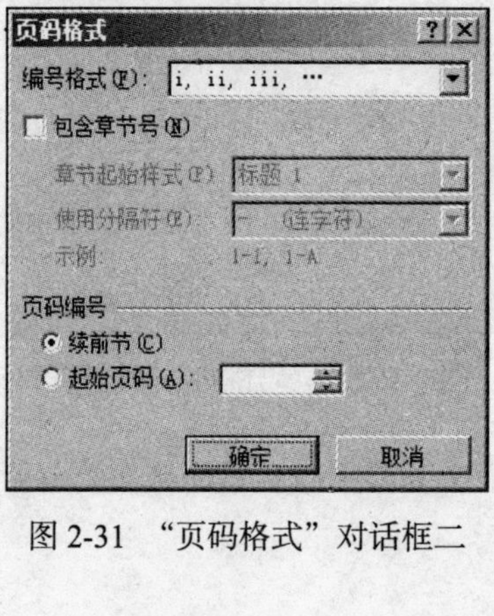

图 2-31　"页码格式"对话框二

6. 制作正文第一章

1）输入第一章正文内容，可变内容可以用"域"定制。如图 2-32 所示。然后选择需要使用样式的段落，选择合适的自定义样式。

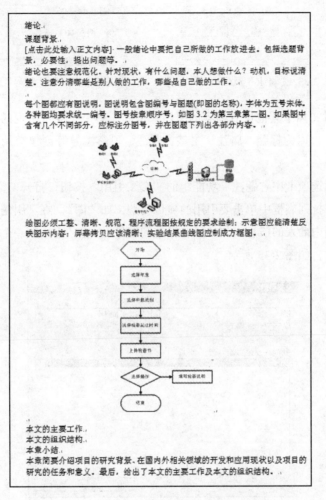

图 2-32　正文第一章内容

2）添加题注和交叉引用。对于图表的使用，一方面是对每张图表要进行编号，另一方面在针对图表进行文字说明时要注明图号或表号。Word 2010 提供"题注"和"交叉引用"进行配对使用，一旦增加或删除图表时，系统可自动更新图号或表号，以及在文字中与之相对应的图号或表号的内容，免去因增加或删除一张图表时，需对后面的图表重新编号和修改正文中的编号。利用 Word 2010 的题注功能，可以在图形下方和表格上方添加"图 1-1"和"表 1-1"等文字说明。以图 2-32 为例进行题注的插入。单击图中的网络图，单击"引用"选项卡中"题注"功能组的"插入题注"按钮，打开"题注"对话框，如图 2-33 所示，在"选项"区的"标签"列表框中，选择"图"，单击"编号"按钮，弹出"题注编号"对话框，如图 2-34 所示进行设置。

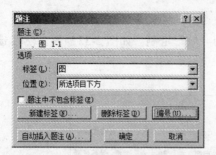
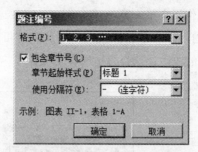

图 2-33 "题注"对话框   图 2-34 "题注编号"对话框

交叉引用是对文档中其他位置内容的引用。例如，本书中经常出现的"如图 3-1 所示"。在 Word 2010 里，可以为标题、脚注、书签、题注、段落编号等创建交叉引用。创建交叉引用的具体方法如下：

单击"引用"选项卡中"题注"功能组的"交叉引用"按钮，打开"交叉引用"对话框，在"引用类型"下拉列表框中单击要引用的项目类型，如"图"。在"引用内容"下拉列表框中，选择要在文档中插入的信息，如"只有标签和编号"。在"引用哪一个题注"框中，单击要引用的特定项目，如图 2-35 所示。

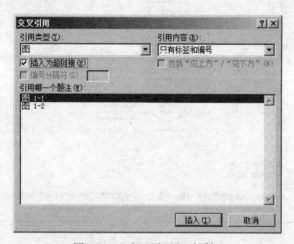

图 2-35 "交叉引用"对话框

3）制作第一章的页眉页脚。与摘要页页眉页脚的制作类似，将光标插入点移到第一章页内，单击"插入"选项卡中"页眉和页脚"功能组的"页眉"按钮，在下拉框中选择"编辑页眉"。单击"页眉和页脚工具 / 设计"选项卡中"导航"功能组的"链接到前一条页眉"按钮（链接到前一条页眉），断开与上一节的链接，"与上一节相同"显示消失。单击"页眉和页脚工具 / 设计"选项卡中"插入"功能组的"文档部件"按钮，在弹出的下拉列表中选择"域"，打开"域"对话框。在"域"对话框中选择"链接和引用"类别选项，然后在"域名"列表框中选择"StyleRef"，再在"样式名"列表框中选择"标题 1，各章标题（有序号）"，在域选项中勾选"插入段落编号"复选框，如图 2-36 所示，单击"确定"按钮，插入段落编号。

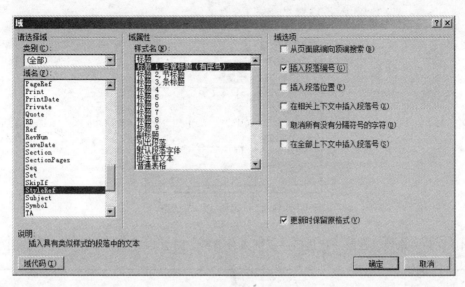

图 2-36 "域"对话框一

再次单击文档部件"按钮，打开"域"对话框，域名和域属性设置同上，域选项这次不勾选，单击"确定"按钮，插入章的名称。如图 2-37 所示。

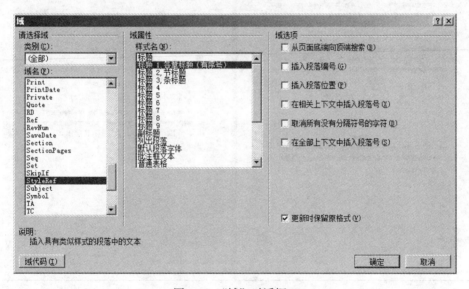

图 2-37 "域"对话框二

单击"页眉和页脚工具 / 设计"选项卡中"导航"组的"转至页脚"按钮，单击"页眉和页脚工具 / 设计"选项卡中"导航"组的"链接到前一条页眉"按钮，断开与上一节的链接，"与上一节相同"显示消失。单击"页眉和页脚工具 / 设计"选项卡中"页眉和页脚"组的"页码"按钮，在下拉列表中选择"设置页码格式"，弹出"页码格式"对话框，在对话框的"编号格式"中，选择数字（1，2，3，…），"起始页码"文本框中设为 1，如图 2-38 所示，单击"确定"按钮。

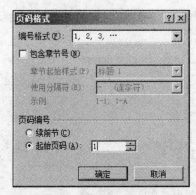

图 2-38 "页码格式"对话框

制作完第一章后，在第一章最后一页插入分节符。图 2-39 是第一章排完后的效果图。

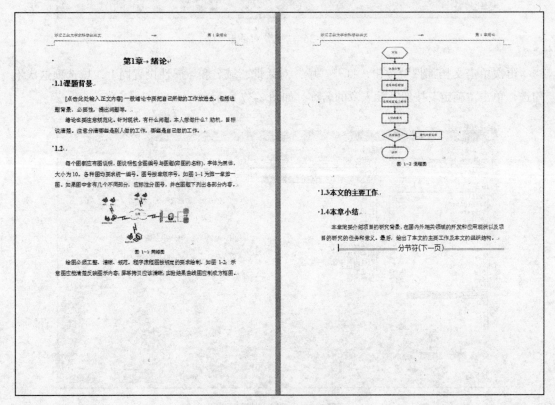

图 2-39 正文第一章效果图

7. 制作正文第二章

第二章的制作与第一章类似。输入内容后使用前面定义的样式。图 2-40 是第二章排完后的效果图。

图 2-40 中公式的输入：单击"插入"选项卡中"符号"功能组的"公式"按钮，在下拉菜单中单击"插入新公式"，在"公式工具／设计"选项卡中选择需要的符号和结构，进行公式的编辑。

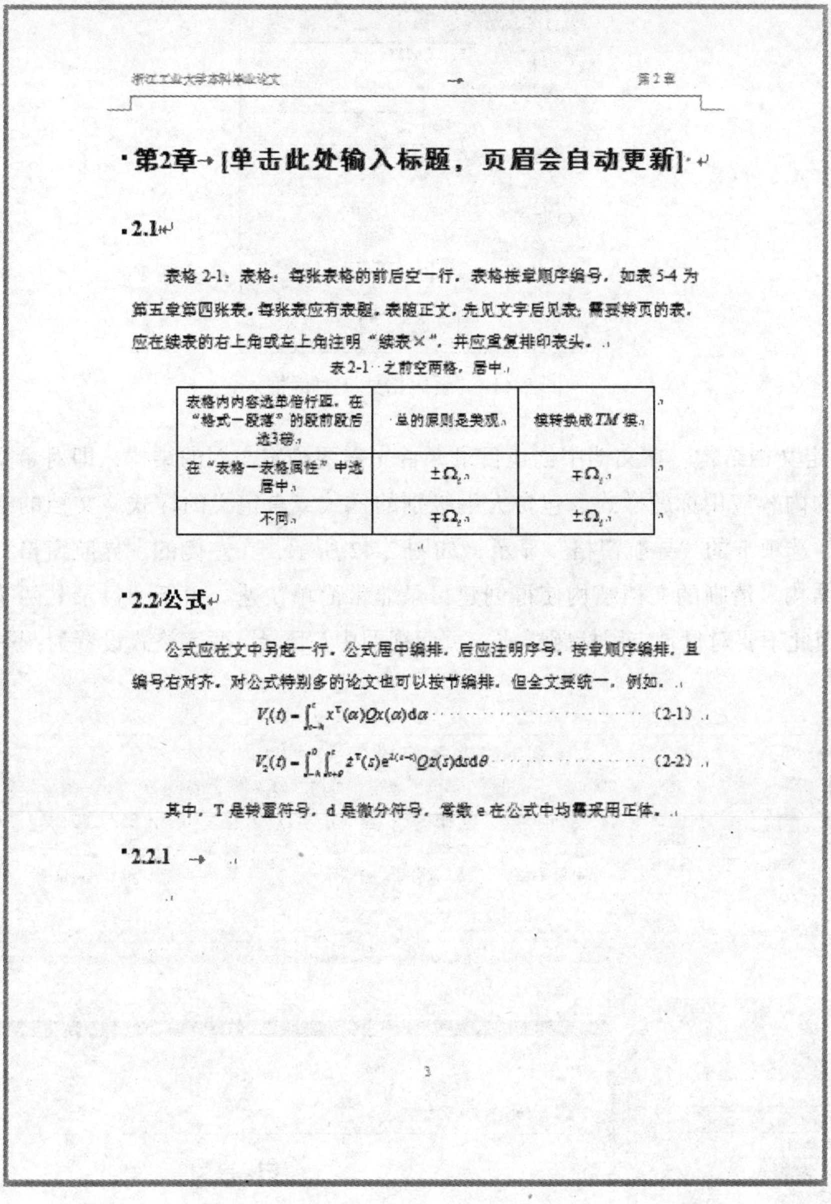

浙江工业大学本科毕业论文 第2章

第2章 [单击此处输入标题，页眉会自动更新]

2.1

表格 2-1：表格：每张表格的前后空一行，表格按章顺序编号，如表 5-4 为第五章第四张表。每张表应有表题，表随正文，先见文字后见表，需要转页的表，应在续表的右上角或左上角注明“续表×”，并应重复排印表头。

表 2-1 之前空两格，居中

表格内内容选单倍行距，在“格式—段落”的段前段后选3磅	总的原则是美观	模转换成 *TM* 模
在“表格—表格属性”中选居中	$\pm\Omega_i$	$\mp\Omega_i$
不同	$\mp\Omega_i$	$\pm\Omega_i$

2.2 公式

公式应在文中另起一行，公式居中编排，后应注明序号，按章顺序编排，且编号右对齐。对公式特别多的论文也可以按节编排，但全文要统一。例如，

$$V_1(t)=\int_{t-h}^{t}x^{T}(\alpha)Qx(\alpha)\mathrm{d}\alpha \qquad (2\text{-}1)$$

$$V_2(t)=\int_{-h}^{0}\int_{t+\theta}^{t}z^{T}(s)e^{2(s-t)}Qz(s)\mathrm{d}s\mathrm{d}\theta \qquad (2\text{-}2)$$

其中，T 是转置符号，d 是微分符号，常数 e 在公式中均需采用正体。

2.2.1

3

图 2-40　正文第二章效果图

可以在论文模板中继续制作正文其余各章节以及参考文献、致谢和附录等。由于方法相同，不再赘述。

8. 制作目录

1）目录页建在第一章的前一页，将光标插入点移到第一章开始处，插入分节符。新建一张空白页。完成后注意断开下一页的页眉和页脚与本页的链接：打开下一页的页眉页脚，单击“页眉和页脚工具 / 设计”选项卡中“导航”组的“链接到前一条页眉”按钮，断开与本页的链接。将页眉处的“域”删除，输入“目录”两字。将页脚处的页码格式修改为大写罗马数字，如图 2-41 所示设置。

图 2-41 "页码格式"对话框

　　2）确定文档结构。在文档中创建目录，首先需要确定文档的结构，即对希望在目录中作为标题的内容应用标题样式、包含大纲级别的样式或自定义的样式。文档的结构可以通过"视图"选项卡的"导航窗格"显示，如图 2-42 所示，在左侧的"导航窗格"中可以看到文档的结构。清晰的文档结构使得创建目录非常简单快速。由于"目录"两字不出现在目录中，因此不要对目录应用标题样式。页面视图中"目录"两字格式设置为：黑体，小二，居中。

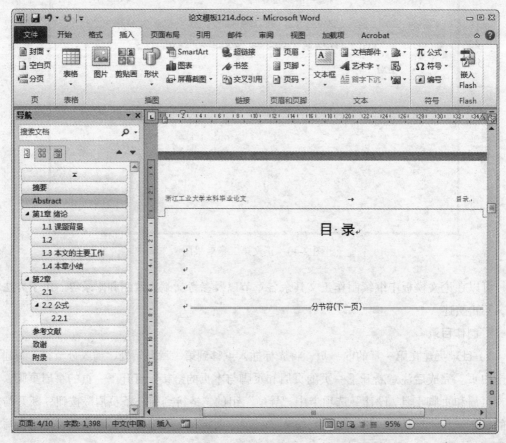

图 2-42 文档结构图

3）生成目录。把光标插入点移到需要创建目录的位置，单击"引用"选项卡中"目录"组中的目录按钮，在下拉列表中单击"插入目录"，打开"目录"对话框。可以在对话框中设置相应的项。这里保持图 2-43 所示的默认设置，单击"确定"按钮，插入的目录效果如图 2-44 所示。

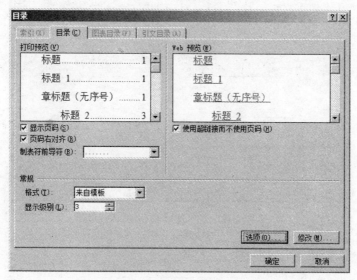

图 2-43 "目录"对话框

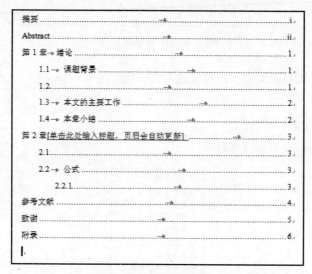

图 2-44 目录效果图

4）制作图表目录。在图 2-44 所生成的目录后插入分节符，新生成一页，修改新页的页眉中"目录"为"图目录"，同样，在视图中也输入"图目录"标题，将设置"图目录"文字格式设置为：黑体，小二，居中。

单击要插入的位置，单击"引用"选项卡中"题注"功能组的"插入表目录"按钮，弹出"图表目录"对话框，如图 2-45 所示。在"题注标签"中选择"图"，其他保持默认设置。

单击"确定"按钮，生成的图目录如图 2-46 所示。

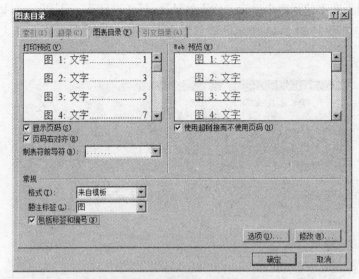

图 2-45 "图表目录"对话框

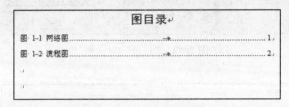

图 2-46 图目录效果图

表目录的生成和图目录类似，不再赘述。

三、实训内容

1.输入以下内容，将其设置成目录。

计算机基础
计算机基本原理
计算机的特点与分类
计算机的应用
硬件系统
软件系统
信息技术基
信息技术的基本概念
信息的表示与数字化
文本信息的表示
多媒体信息的表示
计算机操作系统
操作系统基本概念
操作系统的功能
常用操作系统介绍
Windows 7 操作系统

结果显示：

2. 请将论文按提供的模板进行排版。

实验三　使用邮件合并制作考生准考证

一、实验目的

掌握邮件合并的应用。

二、实验内容和步骤

1）使用 Word 新建一个"考生信息"文档。在文档中插入表格，输入考试日期、时间、准考证号等内容，如图 2-47 所示，保存文档。

日期	时间	考场编号	座位号	准考证号	姓名	考试课目
6月21日	08:30-10:00	YA3002	9	083260442	陈晚琴	数据库基础与应用
6月21日	08:30-10:00	YA3015	11	083260442	陈晚琴	大学英语(1)
6月21日	08:30-10:00	YA300B	1	083260510	陆军颖	大学英语(1)
6月21日	13:30-15:00	YA3035	12	083260510	陆军颖	混凝土结构及砌体结构（2）
6月21日	08:30-10:00	YA3042	6	083260530	马伟	建筑材料
6月21日	15:30-17:00	YB3110	19	083260530	马伟	建筑制图基础
6月21日	08:30-10:00	YA3041	3	083260558	王华明	建筑材料
6月22日	10:30-12:00	YB3004	2	083260558	王华明	经济应用文写作
6月21日	13:30-15:00	YB3059	18	083260569	吴伟炜	市场营销学
6月21日	13:30-15:00	YB3059	18	083260569	吴伟炜	大学英语(1)
6月21日	10:30-12:00	YA3023	15	083260596	金小红	经济法概论
6月21日	10:30-12:00	YA3023	15	083260596	金小红	国际金融
6月22日	13:30-15:00	YB3041	5	093260423	李小楷	经济应用文写作
6月22日	13:30-15:00	YB3041	5	093260423	李小楷	管理会计
6月22日	15:30-17:00	YB3085	20	093260613	沈洁	货币银行学
6月22日	15:30-17:00	YB3093	9	093260613	沈洁	会计准则专题
6月22日	10:30-12:00	YB3004	5	103260245	李晓娜	经济应用文写作
6月22日	13:30-15:00	YB3026	1	103260245	李晓娜	报关实务
6月22日	10:30-12:00	YB301B	1	103260285	倪丽丽	人力资源管理
6月22日	10:30-12:00	YB3018	1	103260285	倪丽丽	电算化会计
6月22日	10:30-12:00	YB3004	8	113260072	张洁莹	经济应用文写作
6月22日	10:30-12:00	YB3061	1	113260072	张洁莹	中级财务会计（一）
6月21日	15:30-17:00	YA3068	3	113260219	褛灿岗	建筑结构
6月22日	08:30-10:00	YA3065	1	113260219	褛灿岗	建筑构造
6月22日	12:30-12:00	YB3037	17	113260379	赵军林	工程建设监理概论
6月22日	10:30-12:00	YB3037	17	113260379	赵军林	财务管理

图 2-47　"考生信息"表

2）准备好尺寸相同、格式相同的照片，同"考生信息"表中准考证号对应写好图片名，如图 2-48 所示。

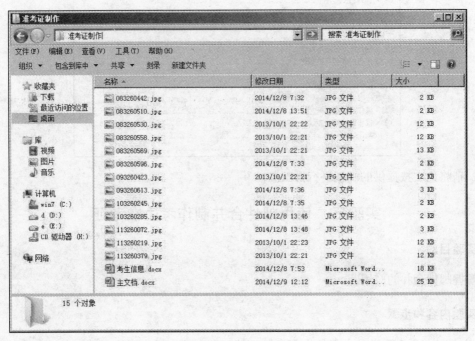

图 2-48　考生照片

3）使用 Word 新建一个"主文档"。在文档中插入表格，输入内容。如图 2-49 所示。

准考证			
准考证号：		姓名：	
考试时间	考场号	座位号	考试课目

图 2-49　主文档表格

4）单击"邮件"选项卡中"开始邮件合并"按钮，选择下拉菜单中的"目录"。单击"选择收件人"按钮，在下拉菜单中单击选择"使用现有列表"，在"选取数据源"对话框中，选择文件夹路径找到"考生信息"文档，如图 2-50 所示，单击"打开"按钮。

5）在图 2-49 中将光标定位到"准考证号："右边的单元格，单击"邮件"选项卡中"插入合并域"按钮，在弹出的下拉菜单中选择"准考证号"，如图 2-51 所示。

同样，在其他各单元格中插入相应的合并域。完成后如图 2-52 所示。

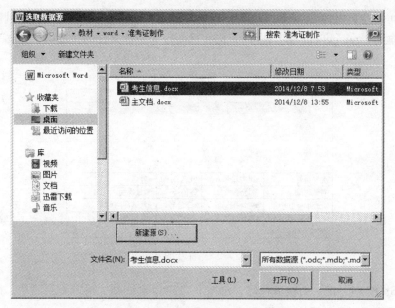

图 2-50 "选取数据源"对话框

图 2-51 "插入合并域"下拉菜单   图 2-52 插入合并域

6）将光标定位到图 2-52 的第二个"日期"域前，单击"邮件"选项卡，单击"编写和插入域"组中的"规则"，如图 2-53 所示，在下拉菜单中单击"下一记录"。完成后如图 2-54 所示。

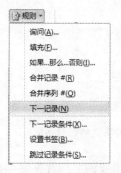

图 2-53 "规则"下拉菜单   图 2-54 插入效果图

7）插入照片。将光标定位到图 2-52 中表格的第二行，按下"Ctrl+F9"键，插入域，在域中输入"includepicture""""后，将光标定位到""""的中间，再次按下"Ctrl+F9"键在新插入的域中输入"mergefield 准考证号"，再在后面输入照片文件的扩展名".jpg"。完成后如图 2-55 所示。

准考证			
{ includepicture "{ mergefield 准考证号 }.jpg" *mergeformat}			
准考证号：	《准考证号》	姓名：	《姓名》
考试时间	考场号	座位号	考试课目
《日期》《时间》	《考场编号》	《座位号》	《考试课目》
《下一记录》《日期》《时间》	《考场编号》	《座位号》	《考试课目》

图 2-55　合并照片

按下"Shift+F9"键，切换域代码，再按下"F9"键刷新，可以看到照片，将照片居中，并适当放大照片，结果如图 2-56 所示。

准考证			
准考证号：	《准考证号》	姓名：	《姓名》
考试时间	考场号	座位号	考试课目
《日期》《时间》	《考场编号》	《座位号》	《考试课目》
《下一记录》《日期》《时间》	《考场编号》	《座位号》	《考试课目》

图 2-56　合并照片效果

打开"邮件"选项卡，单击"完成并合并"按钮，如图 2-57 所示，在下拉菜单中选定"编辑单个文档"，弹出"合并到新文档"对话框，在"合并记录"中选择"全部"单选按钮，如图 2-58 所示，单击"确定"按钮。

图 2-57　"完成并合并"下拉菜单

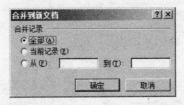

图 2-58　"合并到新文档"对话框

在合并成新文档之后，要使图片能够正常显示，必须将新生成的文档首先保存至图片的同一位置下，然后按"Ctrl+A"键，选择文档中所有内容，按"F9"键刷新，可以看到图片已正常显示，如图 2-59 所示。

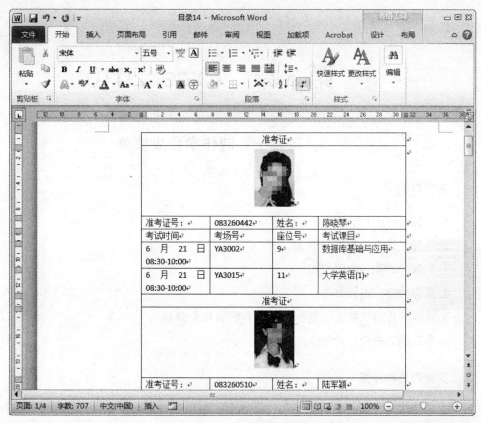

图 2-59 合并的最后效果图

三、实训内容

使用"邮件合并"功能制作录取通知书，如下图所示。

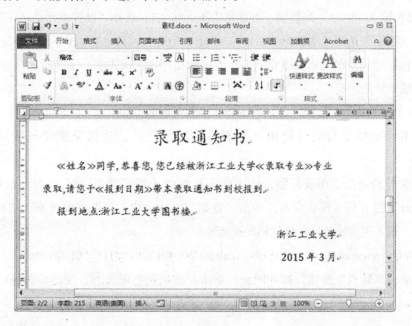

第3章 Excel 2010

实验一 制作学生成绩单

一、实验目的

1. 掌握 Excel 工作簿建立、保存与打开。
2. 掌握工作表中数据的输入。
3. 掌握公式和函数的使用。
4. 掌握数据的编辑修改。
5. 掌握工作表的插入、复制、移动、删除和重命名。
6. 掌握图表的设计和制作。

二、实验内容和步骤

制作学生情况表、平时作业表、考勤表，根据学生平时作业和考勤情况，制作学生的成绩表。

1. 制作学生情况表

1）输入表头：学生情况表。

2）输入标题行：学号、姓名、身份证号码，性别，出生年月，户籍、电话。

3）输入"学号"列数据：右键单击单元格 A3，选择"设置单元格格式"，在弹出的对话框的"数字"选项卡中选择"文本"，单击"确定"按钮，在 A3 单元格中输入：057131001，将鼠标移动到该单元格的填充柄上，当鼠标指针形状成为实心十字时，按住左键拖动鼠标即可完成学号的填充。

4）输入身份证号码：这里采用随机函数生成的方法。

生成身份证号码时使用真实的行政区划代码，从国家统计局网站导入行政区划代码。

双击 Sheet2 工作表标签，使工作表标签处于编辑状态，输入"行政区划代码表"，按"Enter"键完成工作表命名。单击"数据"选项卡中"获取外部数据"功能组的"自网站"按钮，输入国家统计局区划代码网页地址：

http://www.stats.gov.cn/tjsj/tjbz/xzqhdm/201401/t20140116_501070.html

单击"转到"按钮，打开网页，单击左侧的黄色箭头➡，使之成为绿色的勾，如图 3-1 所示。

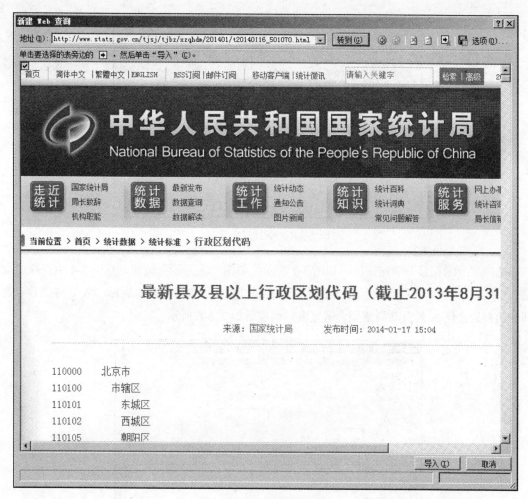

图 3-1　获取外部数据窗口

　　单击"导入"按钮，弹出"导入数据"对话框，如图 3-2 所示，把"数据的放置位置"设为"现有工作表"的 A1 单元格。单击"确定"。

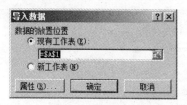

图 3-2　"导入数据"对话框

　　将鼠标移到左边的行号上，按下左键拖动，选中不需要的行，在选中区域单击右键，在弹出的快捷菜单中单击"删除"，将不需要的行删除。

　　将鼠标移至列标 A 和 B 之间的边界处，当指针形状变成左右双箭头时，双击鼠标左键，自动调整 A 列至合适宽度。区划代码和区划在同一单元格。单击列标 A，选中 A 列，单击功能区"数据"选项卡中"数据工具"的"分列"，弹出如图 3-3 所示对话框。

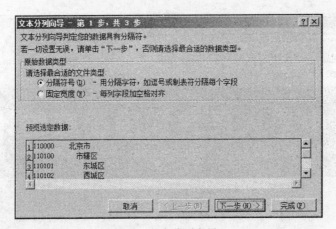

图 3-3　文本分列向导一

选择"分隔符号"单选按钮，如图 3-3 所示。单击"下一步"按钮。在图 3-4 中选择"空格"，单击"下一步"按钮。如图 3-5 所示，单击"完成"按钮，双击列标"A"与"B"之间的边界处，使 A 列自动调整至合适宽度，调整后如图 3-6 所示。

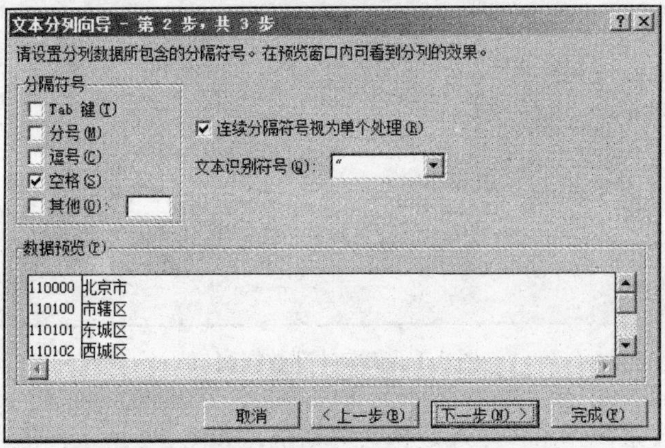

图 3-4　文本分列向导二

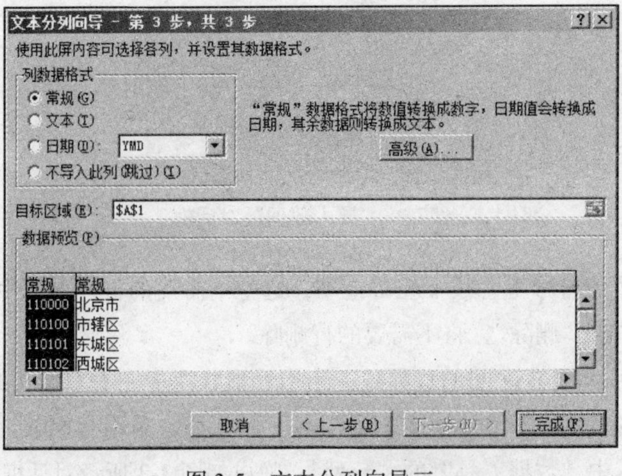

图 3-5　文本分列向导三

图 3-6　行政区划代码表

单击单元格 C1，输入下面公式：=trim(A1)，单击编辑栏左侧的确定按钮 ✓，用 trim 函数清除 A1 单元格中可能有的空格。再次单击 C1 单元格，按住鼠标左键拖动填充柄至单元格 C3515，完成单元格区域 C1:C3515 的公式填充。左键单击列标 C，选中 C 列，右键单击选中区域，在弹出的快捷菜单中选择"复制"，右键单击列标 A，在弹出的快捷菜单中选择"值粘贴"按钮 ⑫⑶，完成覆盖原来的 A 列。按键盘上"ESC"键取消 C 列中的虚线框。

单击 Sheet1 工作表标签切换至 Sheet1，双击 Sheet1，使工作表标签处于编辑状态，输入"学生情况表"，按"Enter"键完成工作表命名。

①随机生成行政区划代码。

● 确定计算公式：可在"行政区划代码表"A 列中随机选择一个代码。可使用公式：

```
=INDIRECT("行政区划代码表!a"&RANDBETWEEN(1,3515))
```

INDIRECT 函数的用法是取得文本描述的单元格引用，也就是说 INDIRECT 函数括号里的参数是一个字符串描述的文本形式，INDIRECT 取得这个引用。"&"的作用是连接字符。

● 输入公式：单击 J3 单元格，输入以上公式并确认后随机生成行政区划代码。再次单击 J3 单元格，按住鼠标左键拖动填充柄至单元格 J43，完成单元格区域 J3:J43 的公式填充。

②随机生成年月日。

● 确定计算公式：

```
=TEXT(365.25*RANDBETWEEN((YEAR(NOW())-1900-40),(YEAR(NOW())-1900-16)),"yyyymmdd")
```

公式中 NOW 函数为取系统当前时间，YEAR 取年份。上式中取的年龄在 16 岁与 40 岁之间。

● 输入公式：单击 K3 单元格，输入以上公式并确认后随机生成年月日。再次单击 K3 单元格，按住鼠标左键拖动填充柄至单元格 K43，完成单元格区域 K3:K43 的公式填充。

③随机生成身份证上的顺序码：单击单元格 L3，输入以下公式：

```
=TEXT(RANDBETWEEN(0,999),"000")
```

确认后完成单元格区域 L3:L43 的公式填充。

④单击 M3 单元格，输入公式：

```
=J3&K3&L3
```

完成身份证前 17 位的连接，再次单击 M3 单元格，按住鼠标左键拖动填充柄至单元格 M43，完成单元格区域 M3:M43 的公式填充。

⑤计算校验位。

- 确定公式：校验位是把前 17 位的每一个数字与一串加权因子相乘，计算这些乘积的和。加权因子自左向右分别是 $2^{17}, 2^{16}, 2^{15}, 2^3, \cdots\cdots, 2$。用 1 加上这些乘积的和，再模 11 得到的数字作为校验码，如果是 10 则用 X 表示。可以使用以下公式：

```
=MID("10X98765432",1+MOD(SUM(MID(N3,ROW($1:$17),1)*2^(18-ROW($1:$17))),11),1)
```

- 输入公式：单击 N3 单元格，输入以上公式并确认后随机生成年月日。再次单击 N3 单元格，按住鼠标左键拖动填充柄至单元格 N43，完成单元格区域 N3:N43 的公式填充。

⑥单击 O3 单元格，输入 "="，单击 M3 单元格，输入 "&" 连接符，再单击 N3 单元格，完成公式的输入并单击确定，用公式填充单元格区域 O3:O43。

每次拖动时，单元格区域 J3:O43 数据都会变化，要将数据固定，可以选中单元格区域 J3:O43，单击右键，选择 "复制"，在原区域再次单击右键，单击 "值粘贴" 按钮 **123**，按键盘上 "ESC" 键取消选中区域边沿的虚线。

选中单元格区域 O3:O43，单击右键，选择复制，右键单击 C3 单元格，将单元格中的数据按值复制方式复制到单元格区域 C3:C43，完成身份证号码的输入。

选中单元格区域 J3:O43，单击右键，在弹出的快捷菜单中选择 "清除内容"，将单元格区域 J3:O43 的内容清除。

5）输入性别：采用公式从身份证号码中提取性别信息。单击 D3 单元格，输入公式：`=IF(MOD(MID(C3,15,3),2)," 男 "," 女 ")` 并确认。

再次单击 D3 单元格，按住鼠标左键拖动填充柄至单元格 D43，完成单元格区域 D3:D43 的公式填充。

6）输入出生日期：采用公式从身份证号码中提取出生日期信息。输入公式：`=MID(C3,7,8)` 并确认。

再次单击 E3 单元格，按住鼠标左键拖动填充柄至单元格 E43，完成单元格区域 E3:E43 的公式填充。

7）输入户籍：采用公式从身份证号码中提取身份证上的户籍信息。单击 F3 单元格，输入公式：

```
=VLOOKUP(LEFT(C3,2)&"0000",行政区划代码表!A:B,2,0)&VLOOKUP(LEFT(C3,4)&"00",行政区
划代码表!A:B,2,0)&VLOOKUP(LEFT(C3,6),行政区划代码表!A:B,2,0)
```

确定后再次单击 F3 单元格，按住鼠标左键拖动填充柄至单元格 F43，完成单元格区域 F3:F43 的公式填充。

8）输入手机号码：单击单元格 G3，输入下面公式并确定：

=CHOOSE(RAND()*3+1,15152040000,15895250000,13905220000)+INT(RAND()*10000)

按住鼠标左键拖动填充柄至单元格 G43，完成单元格区域 G3:G43 的公式填充。完成后如图 3-7 所示。

	A	B	C	D	E	F	G
1	学生情况表						
2	学号	姓名	身份证号码	性别	出生年月	户籍	电话
3	057131001	陈小琴	370686199312307942	女	19931230	山东省烟台市栖霞市	13905223215
4	057131002	金贵红	210522198212304399	男	19821230	辽宁省本溪市桓仁满族自治县	15895251606
5	057131003	楼灿刚	542323197512311334X	男	19751231	西藏自治区日喀则地区江孜县	15895252937
6	057131004	李小梅	440881198712318566	女	19871231	广东省港江市廉江市	15895259954
7	057131005	李晓娜	520422197412300045X	男	19741230	贵州省安顺市普定县	15152042449
8	057131006	陆颖	140105197612305165	女	19761230	山西省太原市小店区	15895252145
9	057131007	马伟炜	441283199412305276	女	19941230	广东省肇庆市高要市	13905224073
10	057131008	倪丽丽	420684198612301526	女	19861230	湖北省襄阳市宜城市	13905226255
11	057131009	沈洁	430601198812308966	女	19881230	湖南省岳阳市市辖区	13905225702
12	057131010	王华明	350501198812308032	男	19881230	福建省泉州市市辖区	13905228773
13	057131011	吴伟炜	451222197512311276	男	19751231	广西壮族自治区河池市天峨县	15152049822
14	057131012	赵军林	370785199612302542	女	19961230	山东省潍坊市高密市	13905227540
15	057131013	周洁莹	230127197812307299	女	19781230	黑龙江省哈尔滨市木兰县	15152046307
16	057131014	林晓玲	500243197812302036X	女	19781230	重庆市县彭水苗族土家族自治县	15152041120
17	057131015	郑晓燕	610627198612301273	男	19861230	陕西省延安市甘泉县	15895254956
18	057131016	邓子凯	130621197712301575	男	19771230	河北省保定市满城县	15895250337
19	057131017	徐依依	451026197312306036	男	19731230	广西壮族自治区百色市那坡县	15152045576
20	057131018	孔梓伟	610601197412301693	男	19741230	陕西省延安市市辖区	13905222331
21	057131019	张睿	361101199212301092	男	19921230	江西省上饶市玉山县	15152049291
22	057131020	戴匡迪	341723197812309772	男	19781230	安徽省池州市青阳县	13905226503
23	057131021	张立红	620501198512306453	男	19851230	甘肃省天水市市辖区	15152040653
24	057131022	王亚伟	231025198612305849	女	19861230	黑龙江省牡丹江市林口县	15895250164
25	057131023	徐林奇	210600198112305319	女	19811230	辽宁省丹东市丹东市	15895253672
26	057131024	胡华庆	620622198512307443	女	19851230	甘肃省武威市古浪县	15152047648
27	057131025	方林珍	610102198612302043	女	19861230	陕西省西安市市辖区	15152046187
28	057131026	欧利东	371121198312313832	男	19831230	山东省日照市五莲县	15152040734
29	057131027	宋方平	130804198412308575	男	19841230	河北省承德市鹰手营子矿区	15152045555
30	057131028	董家军	230716199212305929	女	19921230	黑龙江省伊春市上甘岭区	15895258254
31	057131029	施杰岳	152524199412305559	男	19941230	内蒙古自治区锡林郭勒盟苏尼特右旗	15152044038
32	057131030	潘云楼	623026197512317443	男	19751231	甘肃省甘南藏族自治州碌曲县	15895250711
33	057131031	谢大海	231083197312307859	男	19731230	黑龙江省牡丹江市海林市	15152049536
34	057131032	贺红丹	510681198212306536X	女	19821230	四川省德阳市广汉市	15152042172
35	057131033	何忠民	330502199112319612	女	19911230	浙江省湖州市吴兴区	15895256434
36	057131034	张涛	371601199412304252	男	19941230	山东省滨州市市辖区	15895259666
37	057131035	傅红利	230304198112303589	女	19811230	黑龙江省鸡西市滴道区	13905224296

图 3-7 学生情况表

9）美化学生情况表。

①格式化表头。选中第一行，设置行高为 40。选中单元格区域 A1:G1，设置"合并后居中"，设置字体为"微软雅黑"，字号为 18。注意，合并单元格时，只有左上角单元格中的数据将保留在合并的单元格中，所选区域所有其他单元格中的数据都将被删除。

②格式化表体。选中第 2 ~ 43 行，设置行高为 20。选中单元格区域 A2:G43，设置字体为"宋体"，字号为 12，设置边框为"所有框线"。设置"学号"、"姓名"、"性别"、"电话"列数据"居中"。

③插入"照片"列。选中单元格 H2，输入"照片"。选中单元格区域 H2:I2，设置"合并后居中"。H、I 列从第 3 行开始，每两行合并后居中为一行。选中单元格区域 H2:I43，设置边框为"所有框线"。在"照片"列插入图片。

鼠标右键单击"行政区划代码表"，在弹出的快捷菜单中左键单击"隐藏"，将"行政区划代码表"隐藏。

学生情况表比较长，可以采用冻结窗格的方式来显示工作表，当滚动浏览工作表内容时固定表头，以方便长表格的编辑和浏览。具体操作方式：如果需要冻结工作表前两行，则先选择第3行，也即选定第一个学生记录，然后单击功能区"视图"选项卡中"窗口"组的"冻结窗格"按钮，选择"冻结拆分窗格"，完成窗格的冻结。现在可以滚动工作表内容，如图3-8所示。

	学号	姓名	身份证号码	性别	出生年月	户籍	电话	照片
			学生情况表					
27	057131025	方林珍	610102198612302043	女	19861230	陕西省西安市新城区	15152040364	
28	057131026	欧利东	371121198312313832	男	19831231	山东省日照市五莲县	13905221400	
29	057131027	宋方平	130804198412308575	男	19841230	河北省承德市鹰手营子矿区	15152040505	
30	057131028	董家军	230716199212305929	女	19921230	黑龙江省伊春市上甘岭区	15152045549	
31	057131029	施杰岳	152524199412304555	男	19941230	内蒙古自治区锡林郭勒盟苏尼特右旗	15895250058	
32	057131030	潘云楼	623026197512317443	女	19751231	甘肃省甘南藏族自治州碌曲县	15152045061	
33	057131031	谢大海	231083197312307859	男	19731230	黑龙江省牡丹江市海林市	15152040302	
34	057131032	贺红丹	51068119821230536X	女	19821230	四川省德阳市广汉市	13905225975	
35	057131033	何忠民	330502199112319612	男	19911231	浙江省湖州市吴兴区	15895252842	
36	057131034	张涛	371601199412304252	男	19941230	山东省滨州市市辖区	15152047412	
37	057131035	傅红利	230304198112303589	女	19811230	黑龙江省鸡西市滴道区	15895258590	
38	057131036	秦斌斌	210000198812308229	女	19881230	辽宁省辽宁省辽宁省	15152046994	
39	057131037	蒋国权	130503197612300705	女	19761230	河北省邢台市桥西区	13905220809	
40	057131038	程利利	410522199012303936	男	19901230	河南省安阳市安阳县	13905222438	
41	057131039	刘玉刚	411501198412301766	女	19841230	河南省信阳市市辖区	15895250829	
42	057131040	沈立民	150800199212303495	男	19921230	内蒙古自治区巴彦淖尔市巴彦淖尔市	15895253811	
43	057131041	吴芳	341523198812307622	女	19881230	安徽省六安市舒城县	15152049332	

学生情况表   Sheet3

图3-8   美化后的学生情况表

2. 建立"平时作业"工作表

1）复制工作表。右击"学生情况表"工作表标签，弹出如图3-9所示的快捷菜单。单击"移动或复制"选项，打开"移动或复制工作表"对话框，如图3-10所示，在"下列选定工作表之前"列表中选择Sheet3，选中"建立副本"复选框，单击"确定"按钮，完成工作表的复制。

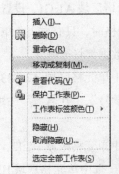

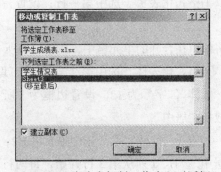

图3-9   右击工作表标签后的快捷菜单   图3-10   "移动或复制工作表"对话框

2）修改工作表。双击工作表标签，把工作表名修改为"平时作业"，修改工作表表头内容。修改表格列的字段名及数据内容，将字段名加粗。单击C列标签，当鼠标指针形状变为

（🔽）时，按住鼠标拖动至 G 列，选定 C 列到 G 列区域。单击"开始"选项卡中"单元格"组的"格式"按钮，选择"列宽"，在"列宽"对话框文本框中输入"10"，如图 3-11 所示，单击"确定"按钮。

选择单元格区域 A2:G43，设置边框为"所有框线"。

3）作业一至作业四的成绩数字采用随机函数生成，单击单元格 C3，输入公式：=RANDBETWEEN(40,100)，随机生成一个界于 40 与 100 之间的数值，单击确定。再次单击 C3 单元格，按住鼠标左键

图 3-11 "列宽"对话框

拖动填充柄，完成单元格区域 C3:F43 的公式填充。选中单元格区域 C3:F43，单击鼠标右键，选择"复制"，再次单击鼠标右键，单击"选择性粘贴"，弹出"选择性粘贴"对话框，如图 3-12 所示，选择"数值"单选按钮，单击"确定"按钮，完成数值的粘贴，以固定随机函数生成的数字。按键盘上"ESC"键退出虚线框。

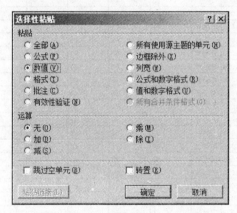

图 3-12 "选择性粘贴"对话框

4）计算总评成绩。总评成绩用学生 4 次作业的平均成绩来表示。单击 G3 单元格，单击编辑栏的"插入函数"按钮（f_x），单击"选择函数"列表框中的"AVERAGE"后，再单击"确定"按钮，出现如图 3-13 所示"函数参数"对话框。在 Number1 中选择"C3:F3"单元格区域，单击"确定"按钮，计算出单元格区域 C3:F3 的平均值。

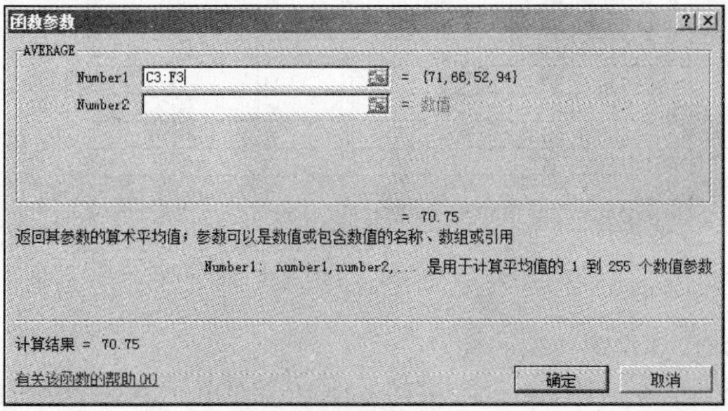

图 3-13 "函数参数"对话框

单击 G3 单元格，按住鼠标左键拖动填充柄至单元格 G43，完成单元格公式填充，从而计算出其余每个学生的平时作业总评成绩。对有小数位的单元格，可以单击"开始"选项卡中"数字"组的"减少小数位数"按钮（![减少小数位数]），使数据取整。完成后的工作表如图 3-14 所示。

平时作业登记表

学号	姓名	作业一	作业二	作业三	作业四	总评
057131001	陈小琴	92	90	80	80	86
057131002	金爰红	80	41	81	90	73
057131003	楼灿刚	77	56	92	97	81
057131004	李小梅	93	69	98	53	78
057131005	李晓娜	71	63	90	55	70
057131006	陆颖	72	81	84	90	82
057131007	马伟炜	90	98	97	98	96
057131008	倪丽丽	86	70	94	52	76
057131009	沈洁	90	90	90	93	91
057131010	王华明	79	77	89	64	77
057131011	吴伟炜	81	64	64	56	66
057131012	赵军林	51	55	96	53	64
057131013	周洁莹	90	85	63	85	81
057131014	林晓玲	83	66	94	77	80
057131015	郑晓燕	91	65	100	91	87
057131016	邓子凯	89	45	45	56	59
057131017	徐依依	57	94	67	41	65
057131018	孔梓伟	99	59	98	71	82
057131019	张蓉	53	92	55	69	67
057131020	戴晨迪	99	75	46	65	71
057131021	张立红	62	54	56	93	66
057131022	王亚伟	50	41	87	59	59
057131023	徐林奇	84	96	61	50	73
057131024	胡华庆	60	81	100	48	72
057131025	方林珍	98	66	90	97	88
057131026	欧利东	80	63	52	59	64
057131027	宋方平	83	46	41	89	65
057131028	董家军	85	74	95	52	77
057131029	施杰岳	64	61	97	72	74
057131030	潘云微	56	86	72	62	69
057131031	谢大海	76	84	59	64	71
057131032	芟红丹	48	92	55	41	59
057131033	何圭民	88	55	61	77	70
057131034	张涛	53	43	72	58	57
057131035	傅红利	86	80	57	50	68
057131036	秦建斌	42	72	51	83	62
057131037	蒋田权	90	49	96	93	82
057131038	框利利	91	77	51	71	73
057131039	刘玉别	65	79	45	49	60
057131040	沈立民	90	45	54	68	64
057131041	吴芳	90	83	99	100	93

| ◄ ► ►| 学生情况表 / 平时作业 |

图 3-14 完成后的"平时作业"工作表

3. 建立"考勤"工作表

1）右击"平时作业"工作表标签，在弹出的快捷菜单中单击"移动或复制"选项，在弹出的对话框中选择 Sheet3，选中"建立副本"复选框，确定后完成工作表的复制。

2）修改工作表。双击工作表标签，把工作表名修改为"考勤"，修改工作表表头内容，修改表格列的字段名及数据内容。"×"表示缺课，"⊕"表示请假。修改列宽为"5"。

3）计算总评成绩。设满分为100分，缺课一次扣10分，请假1次扣5分，缺课和请假超过5次总评为0分。单击M3，输入公式：

```
=IF(COUNTIF(C7:N7,"=×")<5,100-COUNTIF(C7:N7,"=⊕")*4-COUNTIF(C7:N7,"=×")*10,0)
```

按"Enter"键确认，左键按住填充柄向下拖动复制公式，完成每位学生总评成绩的计算，如图3-15所示。

图3-15 考勤登记表

4. 建立"成绩"工作表

1) 先从其他表复制一些公共的信息，如学号、姓名。输入字段名：平时成绩、期末成绩和总评。如图3-16所示。

图3-16 初始成绩登记表

2）平时成绩的计算。平时成绩满分设为 100 分，其中平时作业占 70%，考勤占 30%。由于平时作业和考勤来自于不同的工作表，因此公式中在单元格前都要加上工作表名，如单元格 C3 的平时成绩公式为：

= 平时作业 !G3*70%+ 考勤 !M3*30%

公式可以直接输入，也可以输入等号后单击相应工作表名标签（如"平时作业"工作表）打开该工作表，然后单击相应的单元格（如单元格 G3），按"Enter"键确认完成相应的单元格引用（如"平时作业! G3"），接着继续完成其余内容的输入。

完成单元格 C3 的公式输入后，再单击单元格 C3，按住鼠标左键拖动填充柄至单元格 C43，完成单元格区域 C3:C43 的公式填充，求出每个学生的平时成绩。

3）总评成绩的计算。设总评成绩为 100 分，其中平时成绩占 50%，期末成绩占 50%，单击单元格 E3，输入公式：

=C3*50%+D3*50%

按"Enter"键确定，单击单元格 E3，按住鼠标左键拖动填充柄至单元格 E43，完成单元格区域 E3:E43 的公式填充。求出学生的总评成绩。选中单元格区域 E3:E43，单击"开始"选项卡中"数字"功能组的右下角启动箭头（ ），在弹出的如图 3-17 所示"设置单元格格式"对话框中设置小数位数为 0。单击"确定"按钮后成绩表如图 3-18 所示。

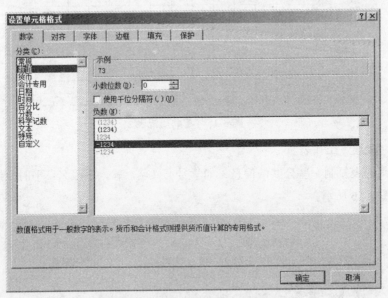

图 3-17 "设置单元格格式"对话框

4）计算名次。名次的计算可以利用 RANK 函数实现。RANK 函数的功能是返回某数值在一数据列表中的排位。单击 F3 单元格，输入计算公式：

=RANK(E3, $E$3:$E$43,0)

其中 $GE3:$E$43 为绝对引用，以保证当公式复制时单元格引用的地址保持不变。公式表示计算单元格 E3 的值（即该学生的总评成绩）在单元格区域 E3:E43 所有值（即全班学生的总评成绩）中的名次排位。参数"0"表示排位按降序排列。反之如果不为零，则排位按升序排列。输入上述公式并单击确定后，再次单击 F3 单元格，按住鼠标左键拖动填充柄至单元格 F43，完成其余学生的排名计算。如图 3-19 所示。

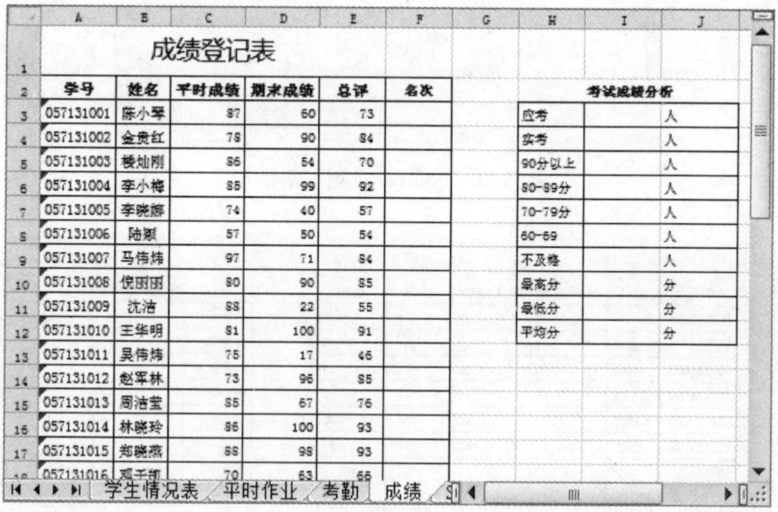

图 3-18　计算出总评后的成绩表

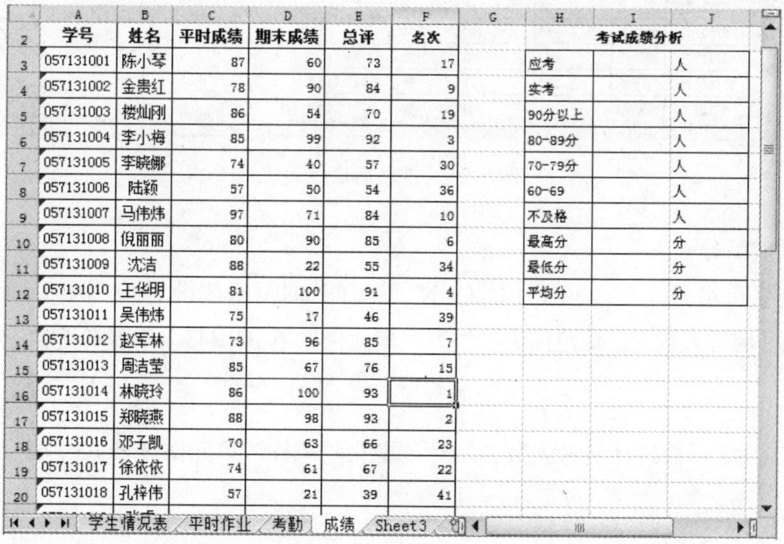

图 3-19　排名后的成绩表一

图 3-19 中 E16 和 E17 单元格数值相同但排名不一样，是由于显示值和实际值不一样。单击功能区"文件"选项卡中的"选项"，弹出"Excel 选项"对话框，单击"高级"，勾选"计算此工作簿时"下的"将精度设为所显示的精度"复选框，如图 3-20 所示。单击"确定"按钮，则 E16 和 E17 单元格值排名如图 3-21 所示。

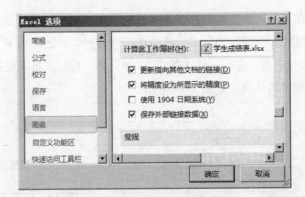

图 3-20　"Excel 选项"对话框

学号	姓名	平时成绩	期末成绩	总评	名次		考试成绩分析		
057131001	陈小琴	87	60	74	17		应考		人
057131002	金贵红	78	90	84	9		实考		人
057131003	楼灿刚	87	54	71	19		90分以上		人
057131004	李小梅	85	99	92	3		80-89分		人
057131005	李晓娜	75	40	58	29		70-79分		人
057131006	陆颖	57	50	54	36		60-69		人
057131007	马伟炜	97	71	84	9		不及格		人
057131008	倪丽丽	80	90	85	6		最高分		分
057131009	沈洁	88	22	55	33		最低分		分
057131010	王华明	81	100	91	4		平均分		分
057131011	吴伟炜	75	17	46	39				
057131012	赵军林	73	96	85	6				
057131013	周洁莹	85	67	76	15				
057131014	林晓玲	86	100	93	1				
057131015	郑晓燕	88	98	93	1				
057131016	邓子凯	70	63	67	23				
057131017	徐依依	74	61	68	22				

图 3-21　排名后成绩表二

5）考试成绩分析。

统计应考和实考人数。可利用 COUNT 和 COUNTA 函数统计应考和实考人数。利用 COUNTA 统计应考人数，统计范围为"姓名"单元格区域 B1:B43，单击 I3 单元格，输入公式：

=COUNTA(B3:B43)

利用 COUNT 函数统计实考人数，统计范围为"总评"单元格区域 E3:E43，输入公式：

=COUNT(E3:E43)

统计 90 分以上人数的公式可表示为：

=COUNTIF(E3:E43,">=90")。

统计 80 ~ 89 分的人数可以理解为统计总评成绩大于 79 的人数减去总评成绩大于 89 的人数，公式可以表示为：

=COUNTIF(E3:E43,">89 ")-COUNTIF(E3:E43,">79")

统计 70 ~ 79 分的人数可以理解为统计总评成绩大于 69 的人数减去总评成绩大于 79 的人数，公式可以表示为：

```
=COUNTIF(E3:E43,">69 ")-COUNTIF(E3:E43,">79")
```

统计 60~69 分的人数可以理解为统计总评成绩大于 59 的人数减去总评成绩大于 69 的人数，公式可以表示为：

```
=COUNTIF(E3:E43,">59 ")-COUNTIF(E3:E43,">69")
```

统计 0~59 分的人数，其统计条件可以设为 "<60"，公式可以表示为：

```
=COUNTIF(E3:E43,"<60")
```

单击 I10 单元格，输入计算最高分的公式：=MAX(E3:E43)。

单击 I11 单元格，输入计算最低分的公式：=MIN(E3:E43)。

单击 I12 单元格，输入计算平均分的公式：=AVERAGE(E3:E43)。

6）设置条件格式，把"成绩"工作表中总评成绩不及格的成绩用红色表示。

选中单元格区域 E3:E43，选择"开始"选项卡并单击"样式"功能组的"条件格式"按钮下方的小箭头，在展开的下拉列表中单击"突出显示单元格规则"下的"小于"命令，打开如图 3-22 所示的对话框。

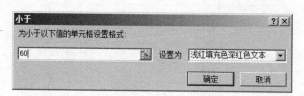

图 3-22　"小于"对话框

在左侧的框中输入"60"，单击右侧下拉列表的向下箭头，如果列表中有需要的格式，则直接选择，反之选择"自定义格式"，在"设置单元格格式"对话框中进行设置，单击"确定"按钮完成设置。

7）在"成绩"工作表中，选出"平时成绩"和"期末成绩"至少有 1 项不及格的学生。

复制单元格区域 C2:D2 标题数据到工作表右侧或下方（与工作表数据至少隔开 1 行或 1 列），这里复制到 I15:J15，输入条件如图 3-23 所示（如果要求两个成绩同时不及格，则必须把条件"<60"放在同一行中）。

平时成绩	期末成绩
<60	
	<60

图 3-23　条件区域

选中单元格区域 A2:F43，选择"数据"选项卡并单击"排序和筛选"组中的"高级"按钮，打开"高级筛选"对话框。

选择"将筛选结果复制到其他位置"单选按钮，选择"列表区域"为 $A$2:$F$43，选择"条件区域"为"成绩 !$I$15:$J$17"，选择"复制到"的开始单元格，如 A50，如图 3-24 所示，单击"确定"按钮完成筛选，结果如图 3-25 所示。

图 3-24 "高级筛选"对话框

	A	B	C	D	E	F
50	学号	姓名	平时成绩	期末成绩	总评	名次
51	057131003	楼灿刚	87	54	71	19
52	057131005	李晓娜	75	40	58	29
53	057131006	陆颖	57	50	54	36
54	057131009	沈洁	88	22	55	33
55	057131011	吴伟炜	75	17	46	39
56	057131018	孔梓伟	57	21	39	41
57	057131020	戴匡迪	78	40	59	28
58	057131021	张立红	73	46	60	27
59	057131022	王亚伟	71	40	56	32
60	057131023	徐林奇	75	53	64	25
61	057131024	胡华庆	80	34	57	30
62	057131027	宋方平	76	46	61	26
63	057131028	董家军	81	29	55	33
64	057131029	施木岳	79	51	65	24
65	057131032	贺红丹	70	25	48	38
66	057131034	张涛	68	12	40	40
67	057131036	秦斌斌	73	33	53	37
68	057131039	刘玉刚	69	40	55	33
69	057131040	沈立民	66	47	57	30
70	057131041	吴芳	95	45	70	20
71						

学生情况表 平时作业 考勤 成绩 刘

图 3-25 高级筛选结果

8）建立成绩统计图表。

①创建图表。选中数据区域 H5:I9，单击"插入"选项卡，单击图表中的"饼图"，选择"三维饼图"。图表生成后，可将图表在工作表内、工作表间、打开的工作簿文件内移动。

②添加图表标题。选中图表，单击"图表工具 / 布局"选项卡中"标签"组的"图表标题"按钮，选择"图表下方"，在"图表标题"内输入"成绩统计图"，即添加图表标题。

③添加数据标签。选中图表，单击"图表工具 / 布局"选项卡中"标签"组的"数据标

签"按钮，选择"数据标签外"，单击"其它数据标签选项"，在对话框"标签选项"中单击"百分比"，添加数据标签。完成后的表如图 3-26 所示。

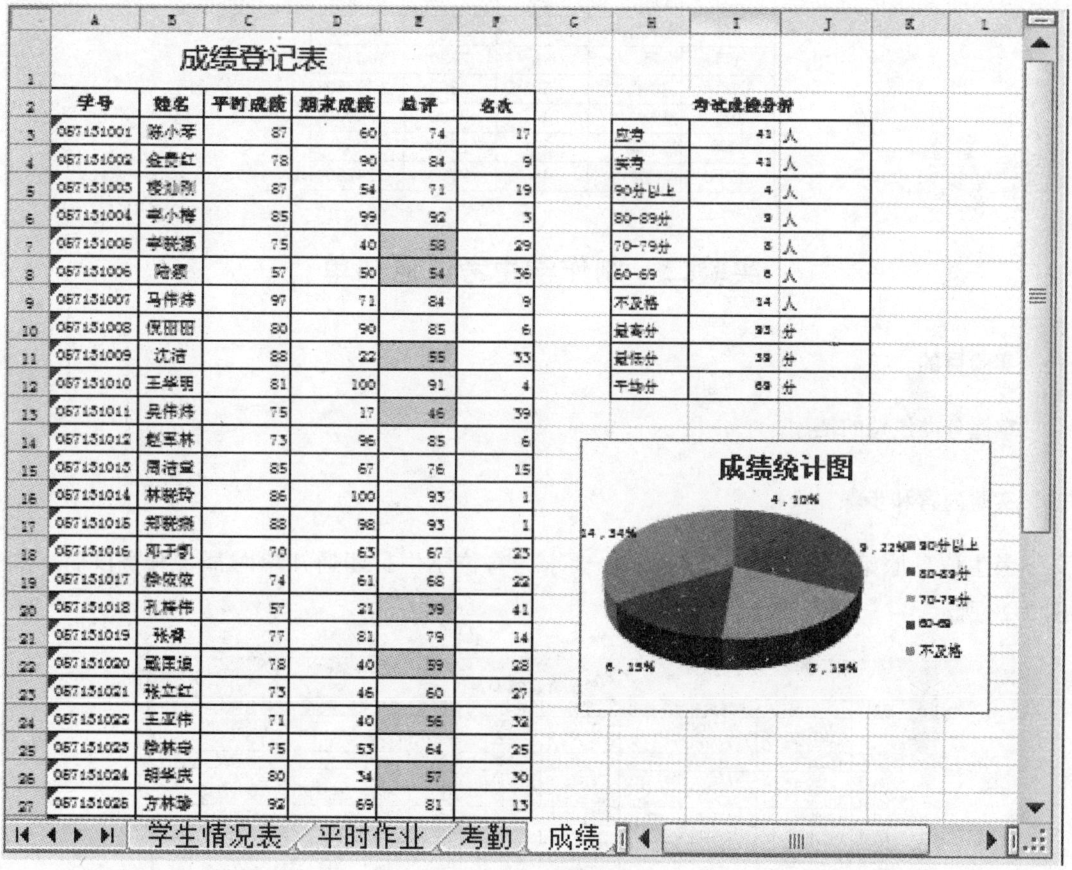

图 3-26 最终的成绩表

三、实训内容

1. 输入以下内容，并将 7 月份的日期底纹标记为棕色。

日期	销量
2013/8/15	383
2013/8/14	217
2013/6/8	91
2013/6/4	705
2013/6/7	140
2013/7/10	912
2013/6/10	451
2013/6/9	12
2013/6/11	643
2013/6/5	304
2013/7/12	527
2013/7/6	112

2. 筛选出以下表格中销售数量大于或等于 40 或销售额大于或等于 100000 商品。

月份	商品	数量	价格	销售额
1月	电视机	31	2780	86180
3月	显示器	47	2780	130660
4月	冰箱	15	2500	37500
6月	电风扇	35	2730	95550
1月	空调	36	2790	100440
8月	洗衣机	52	2680	139360
9月	微波炉	47	2700	126900
11月	热水器	27	2760	74520
12月	电磁炉	45	2750	123750

实验二　制作学生考试通知单

一、实验目的

掌握分类汇总的使用。

二、实验内容和步骤

考生信息原始信息如图 3-27 所示。要求为每位学生打印通知单时都含有字段名，如图 3-28 所示。

	A	B	C	D	E	F	G	H	I
1	学生考试通知单								
2	日期	时间	考场编号	座位号	学号	姓名	考试形式	卷号	试卷名称
3	6月21日	08:30-10:00	YA3002	9	083260442	陈晓琴	闭卷	3016	数据库基础与应用
4	6月21日	08:30-10:00	YA3015	11	083260442	陈晓琴	闭卷	3118	大学英语(1)
5	6月22日	13:30-15:00	YB3027	7	083260442	陈晓琴	闭卷	3506	人力资源管理
6	6月21日	08:30-10:00	YA3008	1	083260510	陆军颖	闭卷	3118	大学英语(1)
7	6月21日	13:30-15:00	YA3035	12	083260510	陆军颖	闭卷	3309	混凝土结构及砌体结构（2）
8	6月21日	13:30-15:00	YA3052	7	083260510	陆军颖	闭卷	3336	钢结构
9	6月21日	08:30-10:00	YA3042	6	083260530	马伟	闭卷	3327	建筑材料
10	6月21日	10:30-12:00	YA3034	13	083260530	马伟	闭卷	3308	混凝土结构及砌体结构（1）
11	6月21日	13:30-15:00	YA3035	2	083260530	马伟	闭卷	3309	混凝土结构及砌体结构（2）
12	6月21日	15:30-17:00	YA3074	1	083260530	马伟	闭卷	3398	建筑工程项目管理
13	6月21日	15:30-17:00	YB3110	19	083260530	马伟	闭卷	3701	建筑制图基础
14	6月21日	08:30-10:00	YA3041	3	083260558	王华明	闭卷	3327	建筑材料
15	6月22日	10:30-12:00	YB3004	2	083260558	王华明	闭卷	3445	经济应用文写作
16	6月21日	13:30-15:00	YB3059	18	083260569	吴伟炜	闭卷	3536	市场营销学
17	6月21日	08:30-10:00	YA3008	2	083260596	金小红	闭卷	3118	大学英语(1)
18	6月21日	10:30-12:00	YA3023	15	083260596	金小红	闭卷	3205	经济法概论
19	6月22日	13:30-15:00	YB3041	5	093260423	李小梅	闭卷	3528	国际金融
20	6月22日	10:30-12:00	YB3004	3	093260613	沈洁	闭卷	3445	经济应用文写作
21	6月22日	10:30-12:00	YB3022	7	093260613	沈洁	闭卷	3503	管理会计
22	6月22日	15:30-17:00	YB3085	20	093260613	沈洁	闭卷	3551	货币银行学
23	6月22日	15:30-17:00	YB3093	9	093260613	沈洁	闭卷	3561	会计准则专题
24	6月21日	13:30-15:00	YB3082	6	103260245	李晓娜	闭卷	3549	国家税收
25	6月21日	15:30-17:00	YB3040	3	103260245	李晓娜	闭卷	3527	工商企业经营管理
26	6月22日	10:30-12:00	YB3004	5	103260245	李晓娜	闭卷	3445	经济应用文写作
27	6月22日	13:30-15:00	YB3026	1	103260245	李晓娜	闭卷	3505	报关实务
28	6月22日	13:30-15:00	YB3028	10	103260245	李晓娜	闭卷	3506	人力资源管理
29	6月22日	10:30-12:00	YB3018	1	103260285	倪丽丽	闭卷	3502	电算化会计
30	6月21日	13:30-15:00	YB3060	4	113260072	张洁莹	闭卷	3536	市场营销学
31	6月22日	10:30-12:00	YB3004	8	113260072	张洁莹	闭卷	3445	经济应用文写作
32	6月22日	10:30-12:00	YB3061	1	113260072	张洁莹	闭卷	3538	中级财务会计（一）
33	6月21日	15:30-17:00	YA3068	3	113260219	楼灿岗	闭卷	3379	建筑结构
34	6月22日	08:30-10:00	YA3065	1	113260219	楼灿岗	闭卷	3367	建筑构造
35	6月22日	10:30-12:00	YB3010	6	113260219	楼灿岗	闭卷	3445	经济应用文写作
36	6月22日	13:30-15:00	YB3113	4	113260219	楼灿岗	闭卷	3720	工程建设监理概论
37	6月22日	10:30-12:00	YB3037	17	113260379	赵军林	闭卷	3526	财务管理

学生考试通知单

图 3-27　考生原始信息表

具体操作步骤：

分类汇总前，分类字段（列）必须是已经排好序的。

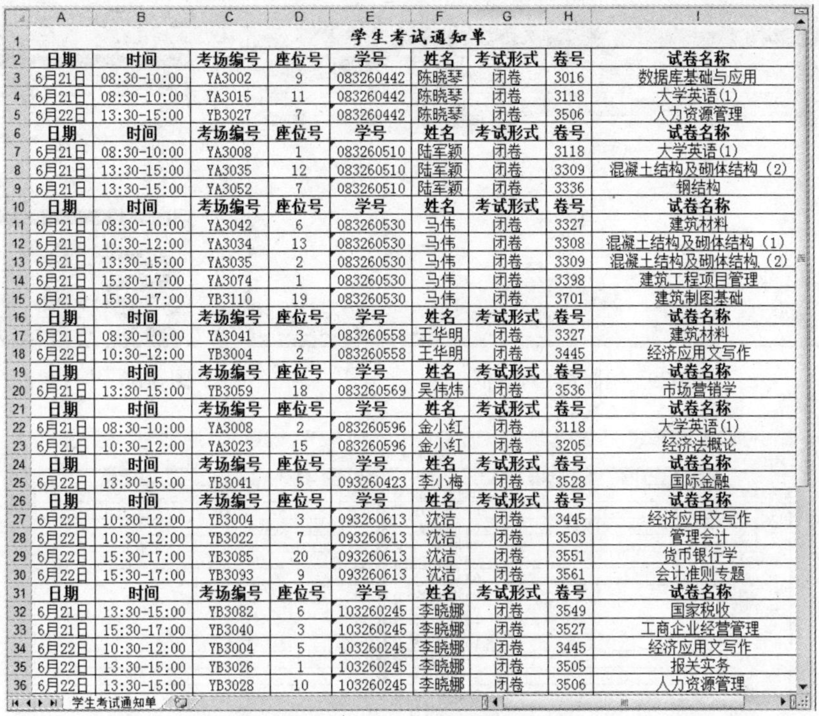

	A	B	C	D	E	F	G	H	I
1	学生考试通知单								
2	日期	时间	考场编号	座位号	学号	姓名	考试形式	卷号	试卷名称
3	6月21日	08:30-10:00	YA3002	9	083260442	陈晓琴	闭卷	3016	数据库基础与应用
4	6月21日	08:30-10:00	YA3015	11	083260442	陈晓琴	闭卷	3118	大学英语(1)
5	6月22日	13:30-15:00	YB3027	7	083260442	陈晓琴	闭卷	3506	人力资源管理
6	日期	时间	考场编号	座位号	学号	姓名	考试形式	卷号	试卷名称
7	6月21日	08:30-10:00	YA3008	1	083260510	陆军颖	闭卷	3118	大学英语(1)
8	6月21日	13:30-15:00	YA3035	12	083260510	陆军颖	闭卷	3309	混凝土结构及砌体结构（2）
9	6月21日	13:30-15:00	YA3052	7	083260510	陆军颖	闭卷	3336	钢结构
10	日期	时间	考场编号	座位号	学号	姓名	考试形式	卷号	试卷名称
11	6月21日	08:30-10:00	YA3042	6	083260530	马伟	闭卷	3327	建筑材料
12	6月21日	10:30-12:00	YA3034	13	083260530	马伟	闭卷	3308	混凝土结构及砌体结构（1）
13	6月21日	13:30-15:00	YA3035	2	083260530	马伟	闭卷	3309	混凝土结构及砌体结构（2）
14	6月21日	15:30-17:00	YA3074	1	083260530	马伟	闭卷	3398	建筑工程项目管理
15	6月21日	15:30-17:00	YB3110	19	083260530	马伟	闭卷	3701	建筑制图基础
16	日期	时间	考场编号	座位号	学号	姓名	考试形式	卷号	试卷名称
17	6月21日	08:30-10:00	YA3041	3	083260558	王华明	闭卷	3327	建筑材料
18	6月22日	10:30-12:00	YB3004	2	083260558	王华明	闭卷	3445	经济应用文写作
19	日期	时间	考场编号	座位号	学号	姓名	考试形式	卷号	试卷名称
20	6月21日	13:30-15:00	YB3059	18	083260569	吴伟炜	闭卷	3536	市场营销学
21	日期	时间	考场编号	座位号	学号	姓名	考试形式	卷号	试卷名称
22	6月21日	08:30-10:00	YA3008	2	083260596	金小红	闭卷	3118	大学英语(1)
23	6月21日	10:30-12:00	YA3023	15	083260596	金小红	闭卷	3205	经济法概论
24	日期	时间	考场编号	座位号	学号	姓名	考试形式	卷号	试卷名称
25	6月22日	13:30-15:00	YB3041	5	093260423	李小梅	闭卷	3528	国际金融
26	日期	时间	考场编号	座位号	学号	姓名	考试形式	卷号	试卷名称
27	6月22日	10:30-12:00	YB3004	3	093260613	沈洁	闭卷	3445	经济应用文写作
28	6月22日	10:30-12:00	YB3022	7	093260613	沈洁	闭卷	3503	管理会计
29	6月22日	15:30-17:00	YB3085	20	093260613	沈洁	闭卷	3551	货币银行学
30	6月22日	15:30-17:00	YB3093	9	093260613	沈洁	闭卷	3561	会计准则专题
31	日期	时间	考场编号	座位号	学号	姓名	考试形式	卷号	试卷名称
32	6月21日	13:30-15:00	YB3082	6	103260245	李晓娜	闭卷	3549	国家税收
33	6月21日	15:30-17:00	YB3040	3	103260245	李晓娜	闭卷	3527	工商企业经营管理
34	6月22日	10:30-12:00	YB3004	5	103260245	李晓娜	闭卷	3445	经济应用文写作
35	6月22日	13:30-15:00	YB3026	1	103260245	李晓娜	闭卷	3505	报关实务
36	6月22日	13:30-15:00	YB3028	10	103260245	李晓娜	闭卷	3506	人力资源管理

图 3-28　完成后的通知单

1）选中要排序的单元格区域，打开“数据”选项卡并单击“排序和筛选”组中的“排序”按钮，打开“排序”对话框，如图 3-29 所示。

2）从“列”选项的“主要关键字”下拉列表中选择“学号”，从“排序依据”下拉列表中选择“数值”，再从“次序”下拉列表中选择升序。如果选择了日期、时间所在的第 2 行标题行，则必须选中如图 3-29 所示的“数据包含标题”复选框，反之应取消该复选框。

3）选择要分类汇总的区域 A2:I37，打开“数据”选项卡并单击“分级显示”组中的“分类汇总”按钮，打开“分类汇总”对话框。

4）从“分类字段”下拉列表中选择“学号”，从“汇总方式”下拉列表中选择“计数”，从“选定汇总项”列表中勾选“卷号”，选中“汇总结果显示在数据下方”复选框，在数据下方将显示汇总结果，如图 3-30 所示。单击“确定”按钮，完成按学号的分类汇总，单击左侧的显示级别“2”，如图 3-31 所示。

5）在功能区中单击右键，在快捷单中选择“自定义功能区（R)”，在弹出的对话框中单击“主选项卡”下的“开始”复选框，单击“新建组”按钮，在“开始”主选项卡中创建“新建组”后，在“从下列位置选择命令”下拉列表中选择“不在功能区中的命令”，单击选择“选定可见单元格”后单击“添加”按钮，将“选定可见单元格”命令添加到新建的组中。如图 3-32 所示，单击“确定”按钮。在“开始”选项卡的“新建组”中可以看到新添加的“选定可见单元格”命令。

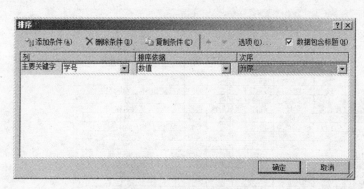

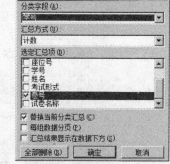

图 3-29　"排序"对话框　　　　　　　　　图 3-30　"分类汇总"对话框

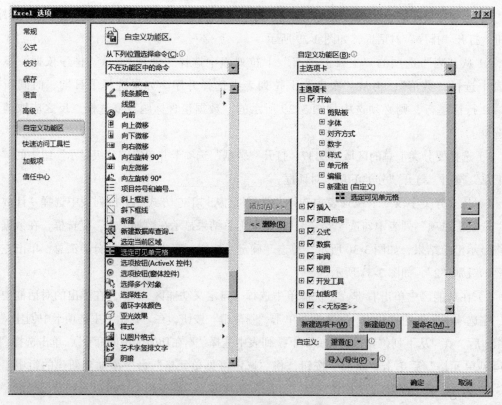

图 3-31　分类汇总表一

图 3-32　"Excel 选项"对话框

6）选择图 3-31 的第二行，单击右键，在弹出的快捷菜单中单击“复制”。选中图 3-31 中的 6 至 48 行，单击“开始”选项卡的“新建组”中“选定可见单元格”按钮，在选中的区域中单击右键，在弹出的快捷菜单中选择“粘贴”。删除 50 和 51 行。最后如图 3-33 所示。

	B	C	D	E	F	G	H	I
1	学生考试通知单							
2	时间	考场编号	座位号	学号	姓名	考试形式	卷号	试卷名称
6	时间	考场编号	座位号	学号	姓名	考试形式	卷号	试卷名称
10	时间	考场编号	座位号	学号	姓名	考试形式	卷号	试卷名称
16	时间	考场编号	座位号	学号	姓名	考试形式	卷号	试卷名称
19	时间	考场编号	座位号	学号	姓名	考试形式	卷号	试卷名称
21	时间	考场编号	座位号	学号	姓名	考试形式	卷号	试卷名称
24	时间	考场编号	座位号	学号	姓名	考试形式	卷号	试卷名称
26	时间	考场编号	座位号	学号	姓名	考试形式	卷号	试卷名称
31	时间	考场编号	座位号	学号	姓名	考试形式	卷号	试卷名称
37	时间	考场编号	座位号	学号	姓名	考试形式	卷号	试卷名称
39	时间	考场编号	座位号	学号	姓名	考试形式	卷号	试卷名称

学生考试通知单

图 3-33　分类汇总表二

7）最后删除分类汇总。单击图 3-33 左上角的数字“3”，选择单元格区域 A2:I51，单击“数据”选项卡中的“分类汇总”按钮，在弹出的对话框中单击“全部删除”按钮，结果如图 3-28 所示。

三、实训内容

将下列表格按品名进行数量、金额的求和汇总。

品名	数量	单价	金额
A	450	5	2250
A	600	2	1200
A	600	7	4200
B	150	8	1200
B	750	3	2250
B	1200	6	7200
C	450	3	1350
C	900	5	4500
C	1050	7	7350
D	300	1	300
D	450	8	3600
D	750	9	6750
E	450	7	3150
E	900	7	6300

实验三　制作办公用品库存统计表

一、实验目的

掌握数据透视表进行数据的统计分析。

二、实验内容和步骤

1）在 Sheet1 工作表中录入数据。双击 Sheet1 工作表标签，使工作表标签处于编辑状态，输入“数据源”，按“Enter”键完成工作表命名。如图 3-34 所示。

	A	B	C	D	E	F	G	H	I	J	K
1	录入类别	物品种类	物品名称	规格	单位	入库数量	出库数量	单价	总价	部门	登记日期
2	出库	日常用品	毛巾		条		2	8	-16	财务部	2014/7/2
3	出库	日常用品	maker笔	黑	支		3	0		财务部	2014/7/2
4	入库	日常用品	订书钉	大	盒	8		0		后勤部	2014/7/3
5	入库	日常用品	电池	纽扣式	块	12		0		后勤部	2014/7/3
6	入库	打印耗材	佳能墨盒	3e	个	2		0		后勤部	2014/7/3
7	入库	日常用品	中性笔	红	支	3		0		后勤部	2014/7/3
8	入库	日常用品	maker笔	黑	支	16		0		后勤部	2014/7/3
9	入库	日常用品	白板笔	兰	支	3		0		后勤部	2014/7/3
10	入库	日常用品	N次贴	窄	本	10		2	20	后勤部	2014/7/3
11	入库	日常用品	双面胶		卷	3		0		后勤部	2014/7/3
12	入库	其他	红印油		盒	4		0		后勤部	2014/7/3
13	入库	日常用品	毛巾		条	2		8	16	后勤部	2014/7/3
14	入库	日常用品	香皂		块	10		3	30	后勤部	2014/7/3
15	出库	日常用品	香皂		块		1	0			2014/7/4
16	出库	日常用品	卫生纸		提		1	22	-22	研发部	2014/7/4
17	出库	日常用品	铅笔		支		1	0		研发部	2014/7/4
18	出库	日常用品	中性笔	黑	支		3	1	-3	研发部	2014/7/4
19	出库	日常用品	maker笔	黑	支		3	0		研发部	2014/7/4
20	出库	日常用品	铁夹	小,20个/盒	个		3	0		研发部	2014/7/9
21	出库	日常用品	垃圾袋	大	包		1	12	-12	人力资源部	2014/7/12
22	入库	日常用品	垃圾袋	小	包	10		12	120	人力资源部	2014/7/11
23	入库	日常用品	毛笔		支	2		8.5	17	人力资源部	2014/7/11
24	入库	日常用品	修正液		瓶	1		4	4	人力资源部	2014/7/11
25	入库	日常用品	双面胶		卷	14				后勤部	2014/7/12
26	入库	日常用品	N次贴	宽	本	15		0		后勤部	2014/7/12
27	入库	日常用品	垃圾桶		个	2		8	16	后勤部	2014/7/12
28	入库	日常用品	拖布		个	2		45	90	后勤部	2014/7/12
29	出库	日常用品	修正液		瓶		1	4	-4	财务部	2014/7/12
30	出库	日常用品	垃圾桶		个		2	8	-16	财务部	2014/7/12
31	出库	日常用品	香皂		块		2	0		财务部	2014/7/12
32	出库	日常用品	卫生纸		提		1	22	-22	销售部	2014/7/13
33	出库	日常用品	中性笔	黑	支		6	1	-6	销售部	2014/7/13
34	出库	日常用品	maker笔	黑	支		6	0		销售部	2014/7/13
35	出库	日常用品	maker笔	黑	支		4	0		信息技术部	2014/7/13
36	出库	日常用品	中性笔	黑	支		1	1	-1	信息技术部	2014/7/16
37	出库	打印耗材	佳能墨盒	6y	个		1	0		信息技术部	2014/7/17
38	出库	打印耗材	佳能墨盒	6c	个		1	0		信息技术部	2014/7/17
39	入库	日常用品	纸杯		袋	2		2.5	5	后勤部	2014/7/18
40	入库	日常用品	打印纸	A4	箱	2		220	440	后勤部	2014/7/18
41	入库	日常用品	抽杆夹		个	50		1	50	后勤部	2014/7/18
42	出库	单据	出库单		本		1	0		后勤部	2014/7/18
43	出库	日常用品	卫生纸		提		1	22	-22	后勤部	2014/7/26
44	出库	日常用品	垃圾袋	小	包		2	5	-10	后勤部	2014/8/1
45	出库	日常用品	香皂		块		2	3	-6	后勤部	2014/8/1
46	出库	日常用品	洗衣粉		袋		1	5	-5	销售部	2014/8/3
47	出库	日常用品	香皂		块		1	3	-3	销售部	2014/8/3

数据源 ╱ Sheet 2 ╱ Sheet 3

图 3-34 "数据源"表

2）单击"插入"选项卡中"表格"组的"数据透视表"按钮，在"创建数据透视表"对话框中输入相应内容。

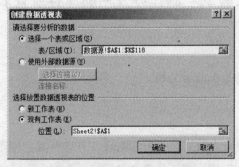

图 3-35 "创建数据透视表"对话框

选择要分析的数据区域，选择放置数据透视表的位置为现有工作表"Sheet2!$A$1"，如图 3-35 所示。单击"确定"按钮。双击 Sheet2 工作表标签，使工作表标签处于编辑状态，输入"入库统计"，按"Enter"键完成"入库统计"工作表命名，如图 3-36 所示。

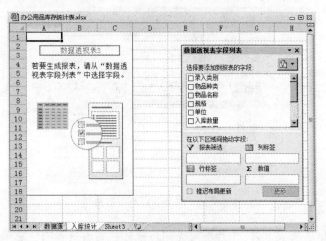

图 3-36   创建数据透视表

3）在"数据透视表字段列表"（若不可见则可在数据透视表内单击右键，在弹出的快捷菜单中选择"显示字段列表"即可显示）对话框中，将鼠标移到"录入类别"字段上，按住鼠标左键将"录入类别"拖动到"报表筛选"下面的框内。将"登记日期"字段拖动到"列标签"框内，"物品名称"与"单位"字段拖动到"行标签"框内，如图 3-37 所示。

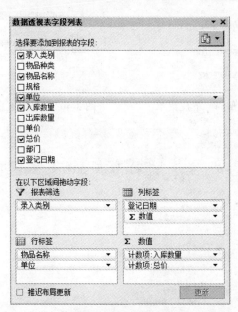

图 3-37   "数据透视表字段列表"对话框

4）在图 3-37 中，将"列标签"框中的"∑数值"字段拖动到"行标签"下面的框中，单击"计数项：入库数量"字段，在弹出的快捷菜单中选择"值字段设置"，在"值字段设置"

对话框中，将"计算类型"设置为"求和"，"自定义名称"设置为"*入库数量"，如图 3-38
所示。同样的，单击"计数项：总价"，将"计算类型"设置为"求和"，"自定义名称"设置
为"*总价"单击"确定"按钮。

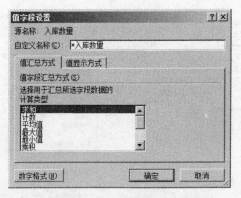

图 3-38 "值字段设置"对话框

5）单击"数据透视表工具"(若不可见则将鼠标移到透视表内任意单元格单击鼠标左键
即可显示)中的"设计"选项卡，单击"布局"组中的"报表布局"，如图 3-39 所示，选择"以
表格形式显示"。单击"布局"组中的"分类汇总"，弹出如图 3-40 所示的下拉菜单，单击"不
显示分类汇总"。"入库统计"表如图 3-41 所示。

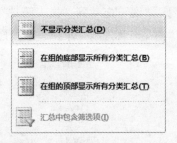

图 3-39 "报表布局"下拉菜单   图 3-40 "分类汇总"下拉菜单

	A	B	C	D	E	F	G
1	录入类别	(全部)					
2							
3				登记日期			
4	物品名称	单位	值	2014/7/2	2014/7/3	2014/7/4	2014/7/5
5	502胶水	瓶	*入库数量				
6			*总价				
7	maker笔	支	*入库数量		21		
8			*总价	0	0	0	0
9	N次贴	本	*入库数量		1		
10			*总价		2		
11	白板笔	支	*入库数量		3		
12			*总价		0		
13	笔记本	本	*入库数量				
14			*总价				
15	笔筒	个	*入库数量				
16			*总价				
17	标签打印纸	卷	*入库数量				
18			*总价				
19	摘玻璃器	个	*入库数量				
20			*总价				
21	插线板	个	*入库数量				
22			*总价				
23	抽杆夹	个	*入库数量				

数据源 入库统计 Sheet 3

图 3-41 "入库统计"表一

6）右键单击图 3-41 中的"登记日期"，在弹出的快捷菜单中选择"创建组"，在"分组"对话框中"步长"选择"月"，单击"确定"按钮。

图 3-42 "分组"对话框

7）单击"数据透视表工具"中的"设计"选项卡，选择"数据透视表样式"组中的"无"样式。左键单击工作表左上角的"全选"按钮，选择整张"入库统计"表，在"开始"选项卡的"字体"组中，选择字号为 10。完成后"入库统计"表如图 3-43 所示。

	A	B	C	D	E	F	G	H	I
1	录入类别	入库							
2									
3				登记日期					
4	物品名称	单位	值	7月	8月	9月	10月	11月	总计
5	⊟502胶水	瓶	*入库数量					5	5
6			*总价					17.5	17.5
7	⊟maker笔	支	*入库数量	21		10	48		79
8			*总价	0		30	72		102
9	⊟N次贴	本	*入库数量	16			20		36
10			*总价	2			40		42
11	⊟白板笔	支	*入库数量	3					3
12			*总价	0					0
13	⊟笔记本	本	*入库数量			5	5		10
14			*总价			25	0		25
15	⊟笔筒	个	*入库数量				1		1
16			*总价				6		6
17	⊟擦玻璃器	个	*入库数量	1					1
18			*总价	16					16
19	⊟插线板	个	*入库数量			2			2
20			*总价			96			96
21	⊟抽杆夹	个	*入库数量	60		80		50	190
22			*总价	60		105		50	215
23	⊟出库单	本	*入库数量			10			10
24			*总价			0			0
25	⊟创可贴	盒	*入库数量			3			3
26			*总价			6.6			6.6

数据源 ╱ 入库统计 ╱ Sheet3

图 3-43 入库统计表二

8）创建"出库统计"表。单击"插入"选项卡，单击"数据透视表"，设置"创建数据透视表"对话框，如图 3-44 所示。

9）在图 3-45 中，将"录入类别"、"物品名称"等拖动到相应框内，方法与创建"入库统计"表相同，不再赘述。

10）在"数据透视表工具"选项卡中，单击"设计"选项卡，将"报表布局"选择为"以表格形式显示"；单击"分类汇总"，选择"不显示分类汇总"，在"数据透视表样式"组中，选择样式"无"。将工作表字号设为 10。设置完后的"出库统计"表如图 3-46 所示。

图 3-44 “创建数据透视表”对话框

图 3-45 数据透视表字段列表

	A	B	C	D	E	F	G	H
1	录入类别	出库						
2								
3					登记日期			
4	部门	物品名称	单位	值	7月	8月	9月	总计
5	⊟财务部	⊟maker笔	支	*出库数量	3	3		6
6				*总价	1	1		2
7		⊟胶带	卷	*出库数量		3		3
8				*总价		1		1
9		⊟垃圾桶	个	*出库数量	2			2
10				*总价	1			1
11		⊟毛巾	条	*出库数量	2			2
12				*总价	1			1
13		⊟棉签	包	*出库数量		1		1
14				*总价		1		1
15		⊟卫生纸	提	*出库数量		1		1
16				*总价		1		1
17		⊟香皂	块	*出库数量	2	2		4
18				*总价	1	1		2
19		⊟圆珠笔芯	支	*出库数量		2		2
20				*总价		1		1
21	⊟后勤部	⊟N次贴	本	*出库数量	1			1
22				*总价	1			1
23		⊟笔记本	本	*出库数量	2			2
24				*总价	2			2
25		⊟出库单	本	*出库数量	1			1
26				*总价	1			1

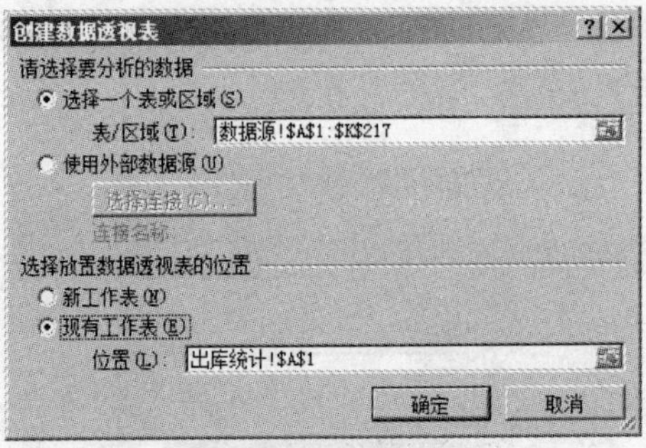

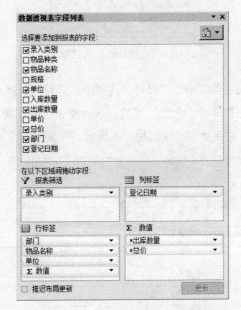

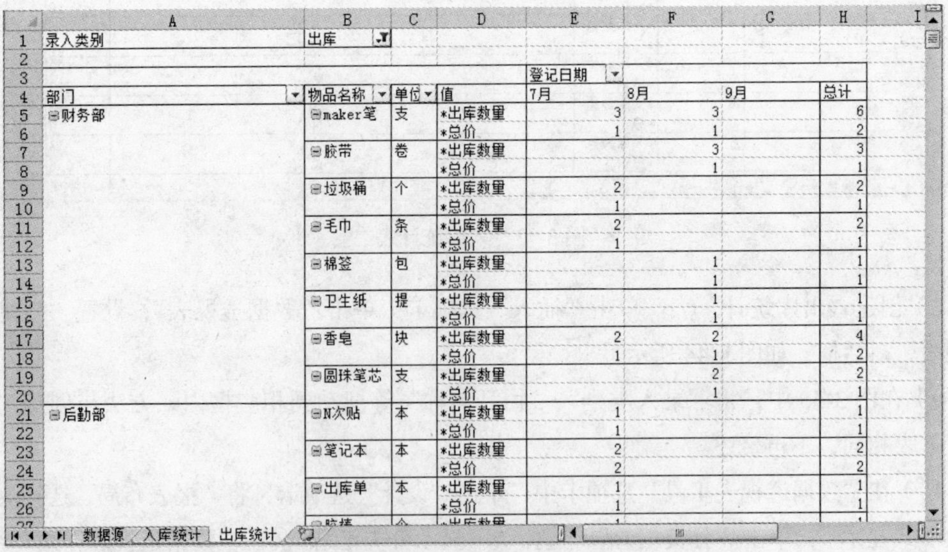

图 3-46 出库统计表

11）单击工作表标签栏中的"插入工作表"按钮，新建一张工作表，命名为"库存统计"，单击 A1 单元格，再单击"插入"选项卡中的"数据透视表"，在弹出的"创建数据透视表"对话框中如图 3-47 所示进行设置。

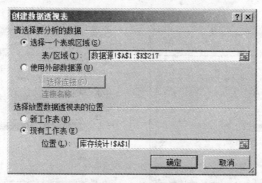

图 3-47 "创建数据透视表"对话框

12）如图 3-48 所示，将字段拖动到相应区间内，在"总价"拖入"∑数值"框内后，再创建一个"库存数量"计算字段。单击"开始"选项卡中"单元格"组的"插入"，选择"插入计算字段"，在弹出的对话框中设置"名称"为"库存数量"，"公式"为"＝入库数量 − 出库数量"，如图 3-49 所示。单击"添加"和"确定"按钮。

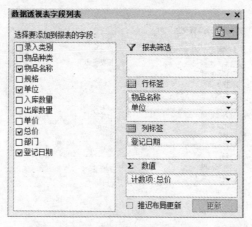

图 3-48 数据透视表字段列表

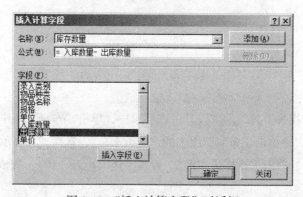

图 3-49 "插入计算字段"对话框

13）修改"数据透视表字段列表"中"∑数值"框中的字段，单击"库存数量"，选择"值字段设置"，将自定义名称修改为"库存统计"，如图 3-50 所示，单击"确定"按钮。单击"总价"，选择"值字段设置"，将自定义名称修改为"* 总价"，如图 3-51 所示。

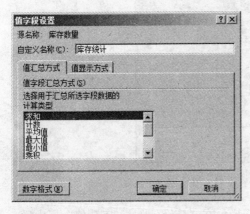

图 3-50 "库存统计"值字段设置

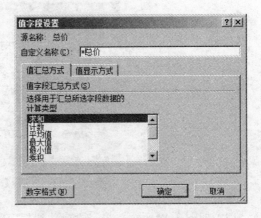

图 3-51 "总价"值字段设置

如图 3-51 所示进行设置，单击"确定"按钮。将"列标签"中的"∑数值"拖动到"行标签"框中，将"库存统计"拖到"总价"上面，完成修改后如图 3-52 所示。

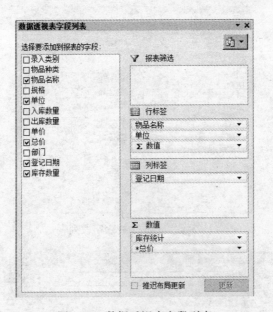

图 3-52 数据透视表字段列表

14）在"数据透视表工具"的"设计"选项卡中，单击"布局"组中的"报表布局"，选择"以表格形式显示"。单击"布局"组中的"分类汇总"，选择"不显示分类汇总"。在"数据透视表样式"组中，单击选择样式"无"。设置字体大小为"10"。完成设置后"库存统计"表如图 3-53 所示。

	A	B	C	D	E	F	G	H
1				登记日期				
2	物品名称	单位	值	7月	8月	9月	10月	11月
3	⊟502胶水	瓶	库存统计	0	0	0	0	5
4			*总价					17.5
5	⊟maker笔	支	库存统计	-21	-22	10	48	0
6			*总价	-66	-66	30	72	
7	⊟N次贴	本	库存统计	14	-1	0	20	0
8			*总价	2	0		40	
9	⊟白板笔	支	库存统计	3	0	0	0	0
10			*总价	0				
11	⊟笔记本	本	库存统计	-2	-2	5	5	0
12			*总价	0	0	25	0	
13	⊟笔筒	个	库存统计	0	0	0	1	0
14			*总价				6	
15	⊟标签打印纸	卷	库存统计	-2	0	0	0	0
16			*总价	0				
17	⊟擦玻璃器	个	库存统计	0	0	0	0	0
18			*总价	0				
19	⊟插线板	个	库存统计	-1	-1	2	0	0
20			*总价	0	-40	96		
21	⊟抽杆夹	个	库存统计	32	-10	80	0	50
22			*总价	32	-10	105		50
23	⊟出库单	本	库存统计	-3	-1	10	0	0
24			*总价	0	0	0		
25	⊟创可贴	盒	库存统计	0	0	3	0	0
26			*总价			6.6		
27		片	库存统计	-2	-1	0	0	0

数据源 入库统计 出库统计 库存统计

图 3-53 最终"库存统计"表

三、实训内容

对下表创建数据透视表。

（1）统计每个产品的数量与金额。

（2）统计每个月的数量与金额。

日期	产品	数量	单价	金额
2013/1/1	B	199	2	398
2013/1/2	D	248	1	248
2013/1/3	A	262	3	786
2013/1/4	I	280	4	1120
2013/1/5	F	252	2	504
2013/1/6	I	283	5	1415
2013/1/7	E	245	2	490
2013/1/8	E	159	5	795
2013/1/9	E	224	4	896
2013/1/10	H	212	1	212
2013/1/11	D	172	2	344
2013/2/20	I	258	2	516
2013/2/21	H	219	2	438
2013/2/22	A	240	4	960
2013/2/23	C	249	3	747
2013/2/24	E	272	5	1360
2013/2/25	D	103	1	103
2013/2/26	F	193	4	772
2013/2/27	G	162	5	810
2013/2/28	I	152	4	608
2013/3/1	F	289	1	289
2013/3/2	D	134	4	536
2013/3/3	F	239	2	478
2013/3/4	I	269	3	807
2013/3/5	F	199	5	995
2013/3/6	H	276	5	1380
2013/3/7	E	113	4	452
2013/3/8	G	278	3	834
2013/3/9	B	186	2	372
2013/3/10	D	261	5	1305
2013/3/11	B	285	1	285
2013/3/12	F	260	4	1040

第 4 章 PowerPoint 2010

实验一 制作以 "龙腾四海" 为主题的幻灯片

一、实验目的

1. 掌握 PowerPoint 2010 启动与退出的方式。
2. 掌握幻灯片制作基础知识（幻灯片插入、移动、复制、删除及文本编辑等）。
3. 掌握幻灯片版式、主题、设计模板的设置及应用。
4. 掌握在幻灯片中插入图像、艺术字、SmartArt、声音、视频等对象的方法。
5. 掌握超链接的创建及其使用方法。
6. 掌握幻灯片动画的含义及其使用方法。
7. 掌握幻灯片切换的含义及其使用方法。
8. 掌握演示文稿的保存与放映的方法。

二、实验内容和步骤

新建一个包括 4 张幻灯片的演示文稿文件，取名为 "学习 PPT 入门 .pptx"，每张幻灯片的内容如图 4-1 至图 4-4 所示。

图 4-1　幻灯片一

图 4-2　幻灯片二

图 4-3　幻灯片三

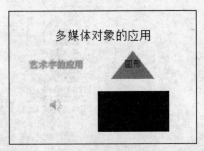

图 4-4　幻灯片四

1）幻灯片一为"标题幻灯片"版式，幻灯片二为"标题和内容"版式，幻灯片三为"两栏内容"版式，幻灯片四为"空白"版式。

2）幻灯片一标题文字格式为"Calibri"、44 号、加粗，副标题文字格式为宋体、32 号；幻灯片二、三标题文字格式为宋体、44 号、加粗，内容文字格式为宋体、27 号，行距为"1 行"。

3）添加项目符号、剪贴画、艺术字、形状、声音、视频等对象。

4）在幻灯片三后面插入一张新的幻灯片，内容不限，并将此幻灯片顺序调整到最后一张，然后删除。

5）将"龙腾四海"主题应用到所有幻灯片。

6）为演示文稿"学习 PPT 入门 .pptx"添加超链接。

7）设置幻灯片动画效果。

8）添加各幻灯片间切换效果。

9）保存演示文稿到桌面，并取名为"学习 PPT 入门 .pptx"。

10）以多种形式放映演示文稿"学习 PPT 入门 .pptx"。

具体操作步骤如下：

1. 创建幻灯片一

要求：创建如图 4-1 所示的幻灯片一。

操作步骤：

1）单击"开始"菜单，选中 Microsoft Office 文件夹，再选择 Microsoft PowerPoint 2010 打开一个演示文稿，系统默认为"标题幻灯片"版式，如图 4-5 所示。

图 4-5　标题幻灯片版式

2）单击幻灯片中的"单击此处添加标题"占位符，输入"PowerPoint 2010"，设置文字格式为"Calibri"、44 号、加粗。

3）单击幻灯片中的"单击此处添加副标题"占位符，输入"学习 PPT 的入门知识"，设置文字格式为宋体、32 号。

2. 创建幻灯片二

要求：创建如图 4-2 所示的幻灯片二。

操作步骤：

1）选择"开始"选项卡，单击"幻灯片"组中的"新建幻灯片"按钮，在弹出的"Office 主题"列表框中选择"标题和内容"版式，如图 4-6 所示。

图 4-6 "标题和内容"幻灯片版式

2）如幻灯片一操作一样，输入图 4-2 的相应内容，并设置标题文字格式为宋体、44 号、加粗，内容文字格式为宋体、27 号，行距为"1 行"。

3）选中幻灯片二中的文字，选择"开始"选项卡，单击"段落"组中的"项目符号"按钮，弹出"项目符号"选择框，如图 4-7 所示，选择如图 4-2 中所示的项目符号。

3. 创建幻灯片三

要求：创建如图 4-3 所示的幻灯片三。

操作步骤：

1）选择"开始"选项卡，单击"幻灯片"组中的"新建幻灯片"按钮，在弹出的"Office 主题"列表框中选择"两栏内容"版式，如图 4-8 所示。

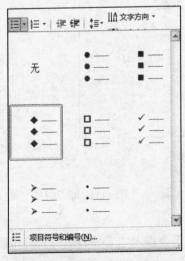

图 4-7 "项目符号"选择框

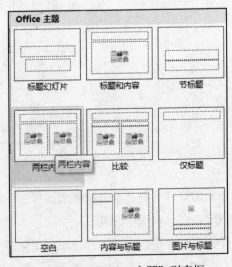

图 4-8 "Office 主题"列表框

2）在左侧占位符中输入如图 4-3 所示的标题文字和内容文字，并按照要求设置字体样式、大小、项目符号、行距，方法同上。

3）在右侧占位符中，单击"剪贴画"图标，弹出"剪贴画"对话框，如图 4-9 所示，在搜索栏中输入"企鹅"，单击"搜索"按钮，搜索库中所有企鹅剪贴画，选择如图 4-3 所示的"企鹅"，将其插入幻灯片三中。

4. 创建幻灯片四

要求：创建如图 4-4 所示的幻灯片四。

操作步骤：

1）选择"开始"选项卡，单击"幻灯片"组中的"新建幻灯片"按钮，在弹出的"Office 主题"列表框中选择"空白"版式。

2）在标题文字中输入"多媒体对象的应用"，并进行相应的设置，切换到"插入"选项卡，单击"文本"组中的"艺术字"按钮，弹出"艺术字"列表框，如图 4-10 所示，单击第 2 行第 2 列的艺术字样式，将其插入幻灯片中，输入文字"艺术字的应用"，并进行相应艺术字大小的设置。

图 4-9 "剪贴画"对话框

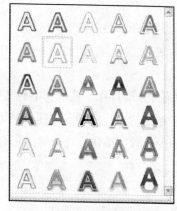

图 4-10 "艺术字"列表框

3）选择"插入"选项卡，单击"插图"组中的"SmartArt"按钮，弹出"选择 SmartArt 图形"对话框，如图 4-11 所示，选择如图 4-4 所示的棱锥图，单击"确定"按钮，将其插入幻灯片四，并对插入的棱锥图进行相应设置。

4）选择"插入"选项卡，单击"媒体"组中的"音频"按钮，弹出"音频"下拉框，如图 4-12 所示，选择其中任何一种形式，单击"确定"按钮，操作成功后会在幻灯片四中添加一个喇叭的标志，并可以对音频格式、播放等进行设置。

5）选择"插入"选项卡，单击"媒体"组中的"视频"按钮，弹出"视频"下拉框，如图 4-13 所示，选择其中任何一种形式，单击"确定"按钮，操作成功后会在幻灯片四中添加黑色的矩形框，并可以对视频格式、播放等进行设置。

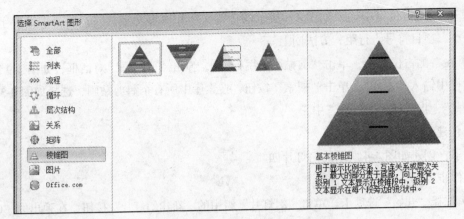

图 4-11 "选择 SmartArt 图形"对话框

图 4-12 "音频"下拉框   图 4-13 "视频"下拉框

5. 在幻灯片中添加超链接

要求：为演示文稿"学习 PPT 入门"中的幻灯片二添加超链接。

操作步骤：

1）选中第二张幻灯片，选中其中的文字"演示文稿的基础操作"，选择"插入"选项卡，单击"链接"组中的"超链接"按钮，弹出"插入超链接"对话框，如图 4-14 所示，单击左侧"本文档中的位置"按钮，选择第三张幻灯片，单击"确定"按钮。

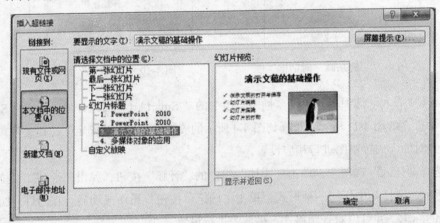

图 4-14 "插入超链接"对话框

2）单击"幻灯片放映"选项卡，单击"开始放映幻灯片"组中的"从头开始"按钮，观察播放效果。

6. 幻灯片编辑

要求：插入新幻灯片，调整其播放顺序，并将其删除。

操作步骤：

1）在普通视频模式下，单击左侧幻灯片三，选择"开始"选项卡并单击"幻灯片"组中的"新建幻灯片"按钮，在弹出的"Office 主题"列表框中选择"比较"版式。

2）选择"视图"选项卡，单击"演示文稿视图"组中的"幻灯片浏览"按钮，按住鼠标左键拖动新建的幻灯片到达指定位置，松开鼠标，新的幻灯片将被放置到此位置。

3）单击"幻灯片浏览"窗口中的新幻灯片，按退格键或者"Delete"键将此幻灯片删除。

7. 幻灯片中模板的应用

要求：将"龙腾四海"主题应用到演示文稿"学习 PPT 入门 .pptx"。

操作步骤：

选择"设计"选项卡，单击"主题"组中第 2 行第 9 个"龙腾四海"按钮，如图 4-15所示，观察演示文稿中所有幻灯片背景的变化，如图 4-16 所示。

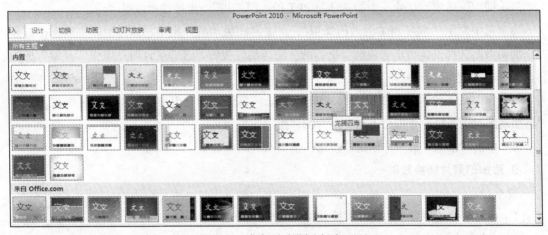

图 4-15 幻灯片主题选择窗口

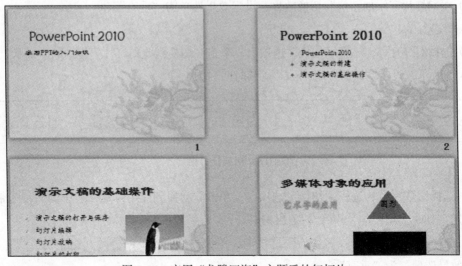

图 4-16 应用"龙腾四海"主题后的幻灯片

8. 设置幻灯片动画效果

要求:

1）为幻灯片一的文字"PowerPoint 2010"添加"淡出"效果，设定"开始"为"单击时"，持续时间为 0.5 秒。

2）为文字"学习 PPT 的入门知识"添加"轮子"、"陀螺旋"、"擦除"效果。

操作步骤:

1）选择文字"PowerPoint 2010"，选择"动画"选项卡，单击"动画"组中的"淡出"按钮，如图 4-17 所示。

图 4-17　动画任务窗口

2）同理，选中幻灯片一中的"学习 PPT 的入门知识"，选择动画效果"轮子"。

3）选中文字"学习 PPT 的入门知识"，单击"高级动画"组中"添加动画"按钮，打开"添加动画"选择框，单击"强调"下方的"陀螺旋"按钮，选择"计时"组中"开始"选项为"上一动画之后"。

4）选中文字"学习 PPT 的入门知识"，单击"高级动画"组中"添加动画"按钮，打开"添加动画"选择框，单击"退出"下方的"擦除"按钮。

5）单击"预览"组中"预览"按钮，预览所有动画效果。

9. 添加幻灯片切换效果

要求:

1）在幻灯片一添加"形状"切换效果，调整持续时间为 1 秒。

2）在幻灯片二添加"传送带"切换效果，并添加播放声音为"捶打"。

3）在幻灯片三添加"门"切换效果，设定效果选项为"垂直"。

操作步骤:

1）选择幻灯片一，选择"切换"选项卡，单击"切换到此幻灯片"组中的"形状"按钮，如图 4-18 所示，设定"计时"组中的"持续时间"为 1 秒。

图 4-18　切换任务窗口

2）选择幻灯片二，选择"切换"选项卡，单击"切换到此幻灯片"组中的"传送带"按钮，设定"计时"组中的"声音"为"捶打"。

3）选择幻灯片三，选择"切换"选项卡，单击"切换到此幻灯片"组中的"门"按钮，设定"效果选项"为"垂直"。

4）选择"切换"选项卡，单击"预览"组中的"预览"按钮，预览所有幻灯片的切换效果。

10. 演示文稿的保存

要求：保存演示文稿，文件名字为"学习 PPT 入门 .pptx"。

操作步骤：

单击"文件"选项卡，选择"保存"按钮，在弹出的"另存为"对话框中选择"保存位置"为桌面，输入文件名字为"学习 PPT 入门"，保存类型为"PowerPoint 演示文稿"。

11. 演示文稿的播放

要求：播放演示文稿"学习 PPT 入门 .pptx"。

操作步骤：

选择"幻灯片放映"选项卡，单击"开始放映幻灯片"组中的"从头开始"按钮，开始播放。

三、实训内容

制作一个含有十张以上幻灯片的演示文稿"iPhone 最新产品介绍"，要求综合运用 PPT 的各种功能。

实验二　制作幻灯片母版

一、实验目的

1. 掌握 PowerPoint 2010 启动与退出的方式。

2. 掌握母版的设置方法。

3. 掌握演示文稿的保存与放映的方法。

二、实验内容和步骤

本实验主要的内容如下：

1）设置母版，要求有页脚、页码、播放控制按钮等。

2）选择不同的母版视图方式展示演示文稿的内容。

具体操作步骤：

1. 新建演示文稿

要求：利用模板创建一个演示文稿。

操作步骤：

单击"开始"菜单，选中 Microsoft Office 文件夹，再选择 Microsoft PowerPoint 2010 就能打开一个演示文稿，系统默认为"标题幻灯片"版式，编辑新幻灯片内容如图 4-19 ~ 图 4-22 所示。

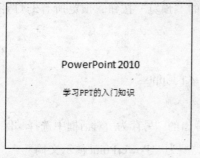

图 4-19　幻灯片一

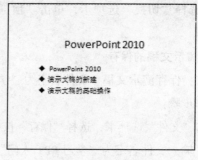

图 4-20　幻灯片二

图 4-21　幻灯片三

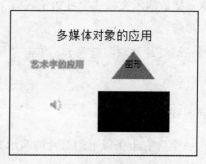

图 4-22　幻灯片四

2. 设置幻灯片母版

要求：在母版上设置页脚、页码、播放控制按钮等。

操作步骤：

1）选择"视图"选项卡，单击"母版视图"组中的"幻灯片母版"按钮，便可以进入"幻灯片母版"视图中，根据需要选择"龙腾四海"主题，如图 4-23 所示。

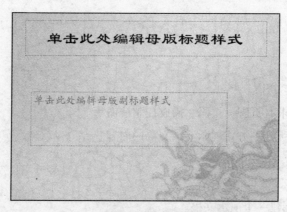

图 4-23　选择主题后的幻灯片母版

2）选择"插入"选项卡，单击"文本"组中的"页眉和页脚"按钮，弹出"页眉和页脚"对话框，根据需要在"日期和时间"、"幻灯片编号"和"页脚"中进行勾选和进行其他设置，如图 4-24 所示。

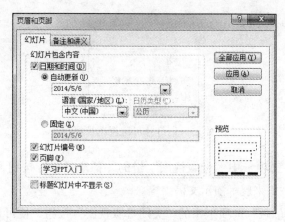

图 4-24　"页眉和页脚"对话框

3）选择"开始"选项卡，单击"绘图"组中的"图形"按钮，选择其中"动作按钮"中的任一按钮，可以在母版中添加动作按钮，控制幻灯片的播放，如图 4-25 所示。

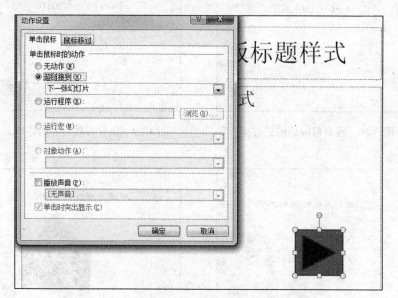

图 4-25　插入动作按钮弹出"动作设置"对话框

4）在母版中还可以设置包括文本域对象在幻灯片中的位置、大小、文本样式、主题颜色、背景信息等，其中在幻灯片母版中设置页脚、标题等要在其他幻灯片中显示，必须勾选相关选项，如图 4-26 所示。

图 4-26　幻灯片母版设置对话框

5）单击"视图"选项卡中"母版视图"组的"讲义母版"按钮，切换到"讲义母版"

视图，就可以讲义的方式来展示演示文稿内容，如图 4-27 所示。

图 4-27 幻灯片母版视图选择框

6）单击"视图"选项卡中"母版视图"组的"备注母版"按钮，切换到"备注母版"视图，就可以备注的方式来展示演示文稿内容。

7）单击"幻灯片母版"选项卡中的"关闭母版视图"按钮，便可以退出"幻灯片母版"视图，恢复到正常的幻灯片界面，如图 4-28 ～图 4-31 所示。

图 4-28 设置母版后的幻灯片一

图 4-29 设置母版后的幻灯片二

图 4-30 设置母版后的幻灯片三

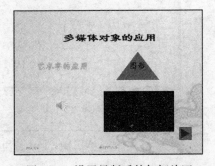

图 4-31 设置母版后的幻灯片四

3. 演示文稿的播放

要求：播放演示文稿。

操作步骤：

选择"幻灯片放映"选项卡，单击"开始放映幻灯片"组中的"从头开始"按钮，开始播放。

三、实训内容

制作一个含有四张幻灯片的演示文稿"个人简历"，并且利用母版为演示文稿添加音乐背景和页脚。

第 5 章 Access 2010

实验 "学生成绩"数据库的创建与维护

一、实验目的

1. 掌握数据库的创建。
2. 掌握数据表的创建。
3. 掌握查询的创建。
4. 掌握窗体的创建。
5. 掌握报表的创建。

二、实验内容和步骤

1. 创建"学生成绩"数据库

操作步骤如下：

1）启动 Access 2010，启动后首界面如图 5-1 所示。

图 5-1 Access 2010 启动后首界面

2）单击"空数据库"按钮，如图 5-1 所示。在右侧窗格的"文件名"框中，将文件名修改为"学生成绩"，如图 5-2 所示。单击"浏览"按钮，在打开的"文件新建数据库"对话框中，选择数据库的保存路径为"D:\ 学生成绩数据库"，单击"确定"按钮，如图 5-3 所示。

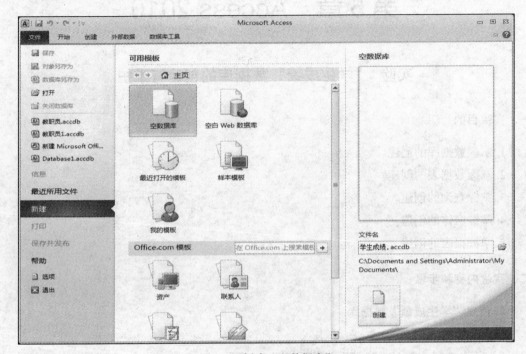

图 5-2　创建"空数据库"

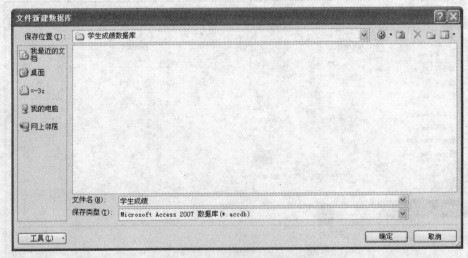

图 5-3　"文件新建数据库"对话框

3）返回到图 5-2 的界面，显示了将要创建的数据库名称和存储的路径。单击"创建"按钮。

4）如图 5-4 所示，创建了"学生成绩"的空白数据库，Access 2010 在空白数据库中自动创建了一个表名为"表 1"的数据表。

图 5-4　"学生成绩"的空白数据库

2. 数据表的创建

"学生成绩"数据库中涉及的数据表如表 5-1 所示。

表 5-1　"学生成绩"数据库中的表

表	备　注
学生	学生基本信息
课程	课程基本信息
成绩	成绩信息

数据表的创建可通过以下两种方法。

（1）通过设计视图创建表

使用设计视图创建表，先创建表结构（见表 5-2），然后在数据表视图中进行输入。

表 5-2　学生表结构

字段名称	数据类型	字段大小
学号	文本	10
姓名	文本	10
性别	文本	2
出生日期	日期 / 时间	8
政治面貌	文本	10
班级名称	文本	20
照片	OLE 对象	

操作步骤如下：

1）打开"学生成绩"数据库，在"创建"选项卡中单击"表设计"按钮，进入表的设计视图，如图 5-5 所示。

2）在"字段名称"下输入学生表中各字段名称，并在"数据类型"栏中选择相应的字段数据类型和设置字段大小，并将"学号"字段设置为本表的主键（主关键字），结果如图 5-6 所示。

3）单击"保存"按钮，弹出"另存为"对话框，在"表名称"框中输入"学生"，再单击"确定"按钮，如图 5-7 所示。

至此，通过设计视图创建表，完成了"学生"表的设计。

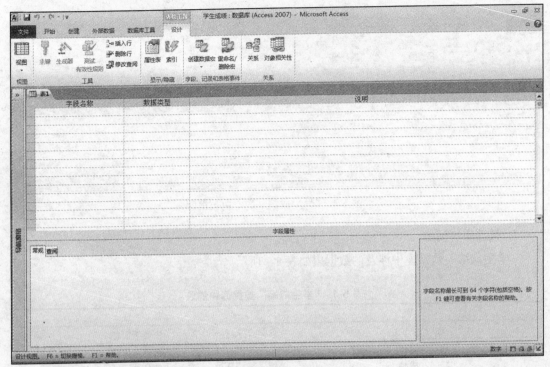

图 5-5　表设计视图

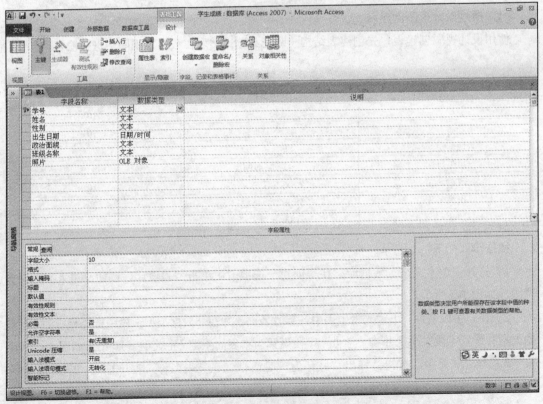

图 5-6　"学生"表字段设计结果

图 5-7　表名称设置对话框

（2）通过数据表视图创建表

数据表视图是另一种创建表的方法，下面将介绍通过数据表视图创建如表 5-3 所示的"课程"表。

表 5-3　课程表结构

字段名称	数据类型	字段大小
课程编号	文本	10
课程名称	文本	40
学分	数字	2

在"学生成绩"数据库中通过数据表视图创建课程表。操作步骤如下：

1）打开"学生成绩"数据库，在"创建"选项卡中单击"表"按钮，系统自动创建了"表1"的新表，并在数据表视图中打开，如图 5-8 所示。

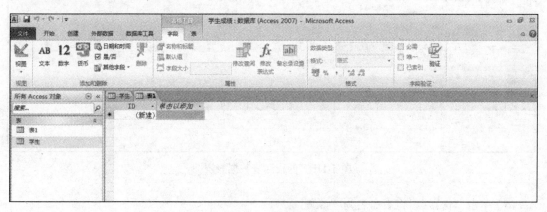

图 5-8　数据表视图

2）选中"ID"列，在"表格工具/字段"选项卡中单击"名称和标题"按钮，出现如图 5-9 所示对话框。

3）在"输入字段属性"对话框的"名称"框中输入"课程编号"，单击"确定"按钮。

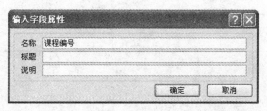

图 5-9　"输入字段属性"对话框

4）在"表格工具／字段"选项卡中将"数据类型"改为"文本"，字段大小设置为"8"，如图 5-10 所示。

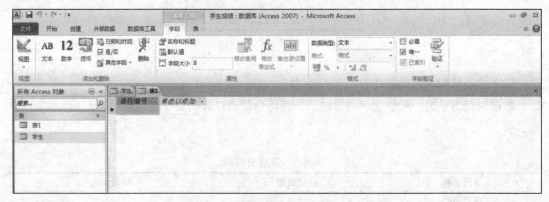

图 5-10　字段数据类型和字段大小设置

5）单击"单击以添加"按钮，在弹出的菜单中选择"文本"，按步骤 3）和 4），分别添加"课程名称"字段和"学分"字段，添加完成后设计视图如图 5-11 所示。

图 5-11　"课程"表数据表视图

6）单击"保存"，将表命名为"课程"。

按上述两种方法之一，选择其中一种方法将如表 5-4 所示的"成绩"表在 Access 2010 中进行实现。

表 5-4　成绩表结构

字段名称	数据类型	字段大小
学号	文本	10
课程编号	文本	10
成绩	数字	2

3. 查询的创建

操作步骤如下：

1）打开"学生成绩"数据库，在"创建"选项卡的"查询"组中，单击"查询设计"

按钮，弹出查询设计视图窗口和"显示表"对话框，如图 5-12 所示。

图 5-12 "显示表"对话框

2）在"显示表"对话框中单击"表"选项卡，分别双击"成绩"、"课程"和"学生"，单击"关闭"按钮。

3）在查询设计视图窗口的"字段"栏中添加所需的字段，即学号、姓名、课程名称和成绩，如图 5-13 所示。

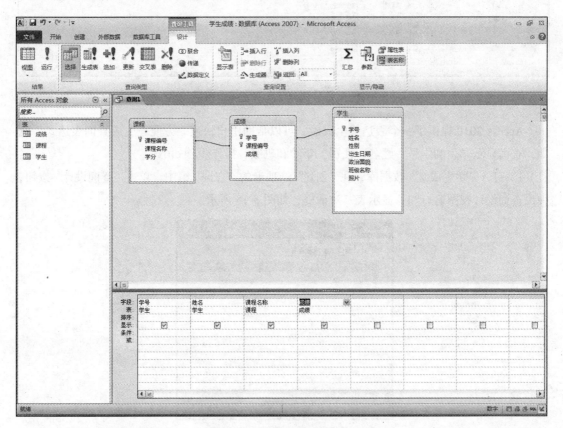

图 5-13 查询设计视图窗口

4）单击"保存"按钮，弹出"另存为"对话框中将查询名称设置为"学生成绩"。

5）单击"运行"按钮，可以看到"学生成绩"查询的运行结果，如图5-14所示。

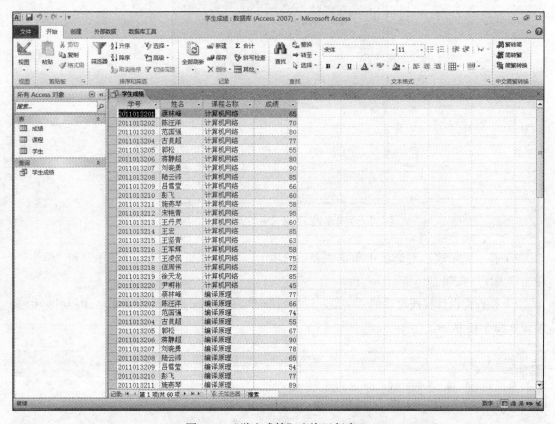

图5-14　"学生成绩"查询运行窗口

Access 2010提供了一个表达式生成器，可以帮助用户快速、方便地生成查询表达式。例如，查询显示学生的学号、姓名、性别、年龄和班级，操作步骤如下：

1）打开"学生成绩"数据库，在"创建"选项卡的"查询"组中，单击"查询设计"按钮，弹出查询设计视图窗口和"显示表"对话框，如图5-15所示。

图5-15　"显示表"对话框

2）在"显示表"对话框中单击"表"选项卡，双击"学生"，单击"关闭"按钮。

3）在查询设计视图窗口的"字段"栏中添加所需的字段，即学号、姓名、性别、班级，在字段第五列中，单击"表达式生成器"，在"表达式生成器"对话框中输入"年龄:Year(Date())-Year([学生]![出生日期])"，单击"确定"按钮，如图5-16所示。

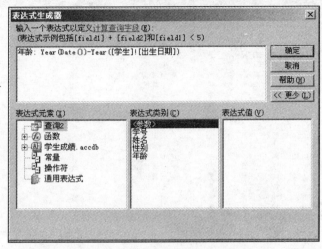

图5-16 "表达式生成器"对话框

4）在查询设计视图中，如图5-17所示，单击"运行"按钮，查询结果如图5-18所示。

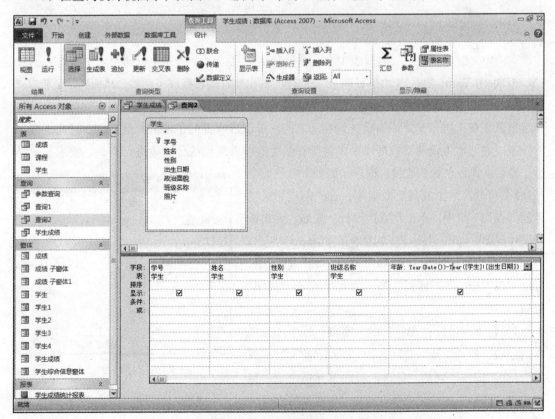

图5-17 查询设计视图

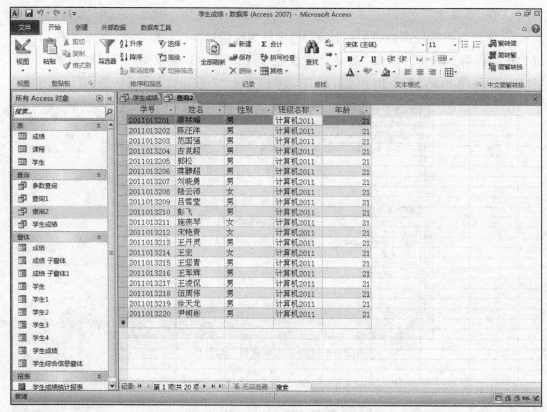

图 5-18　查询结果

本例中，因为"学生"数据表中没有存储年龄信息，用表达式生成器编辑了查询表达式 "Year(Date())-Year([学生]![出生日期])"，将学生的出生日期转换成了年龄，从而满足了要求。

Access 2010 提供了参数查询，参数查询是在查询的条件中设置参数，在查询运行时输入参数值从而获得查询结果。参数查询是动态的，可以适应查询条件的参数变化，提高了查询的效率。在"学生成绩"数据库中，将所有学生的所有课程按分数段进行查询，要求显示学号、姓名、课程名称和成绩。操作步骤如下：

1）打开"学生成绩"数据库，在"创建"选项卡的"查询"组中，单击"查询设计"按钮，弹出查询设计视图窗口和"显示表"对话框，如图 5-19 所示。

2）在"显示表"对话框中单击"表"选项卡，分别双击"成绩"、"课程"和"学生"，单击"关闭"按钮。

3）在查询设计视图窗口的"字段"栏中添加所需的字段，即"学号"、"姓名"、"课程名称"和"成绩"，在"成绩"列的"条件"属性单元格中单击鼠

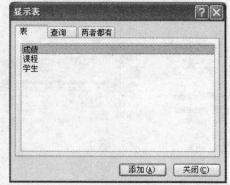

图 5-19　"显示表"对话框

标右键，在弹出的快捷菜单中选择"生成器"；在"表达式生成器"对话框中，如图 5-20 所示，输入"between [下限分数] and [上限分数]"表达式，单击"确定"按钮。

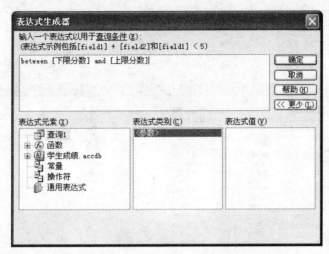

图 5-20 "表达式生成器"对话框

4）在查询设计视图窗口中，如图 5-21 所示，单击"运行"按钮，打开"输入参数值"对话框，输入"下限分数"（见图 5-22），输入"上限分数"（见图 5-23），查询运行的结果如图 5-24 所示。

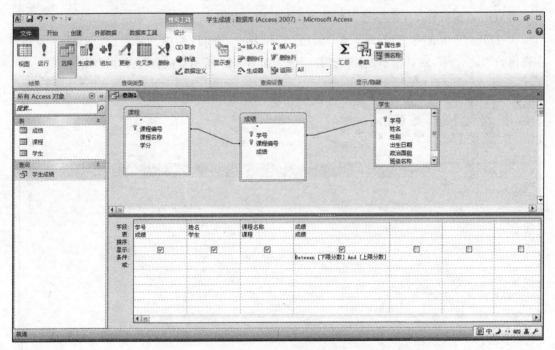

图 5-21 查询设计视图窗口

图 5-22 输入"下限分数"参数   图 5-23 输入"上限分数"参数

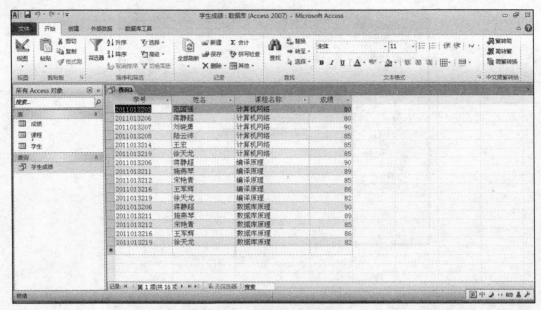

图 5-24　参数查询运行结果

用 SQL 查询所有女生的学号、姓名和班级名称。操作步骤如下：

1）打开"学生成绩"数据库，在"创建"选项卡的"查询"组中，单击"查询设计"按钮，在弹出的"显示表"对话框不做任何选择，进入如图 5-25 所示空白查询设计视图。

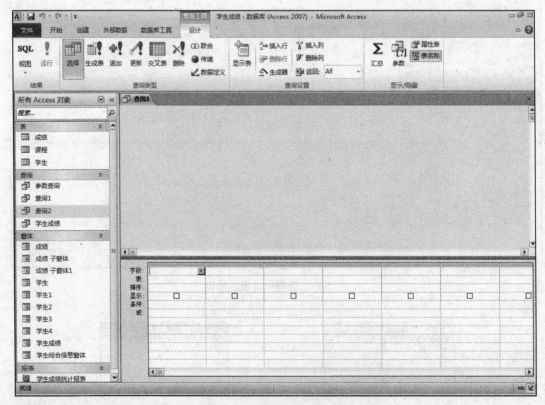

图 5-25　空白查询设计视图

2）单击"SQL 视图"按钮，在 SQL 视图中输入：

```
SELECT 学号，姓名，班级名称
FROM 学生
WHERE  性别='女'
```

如图 5-26 所示。

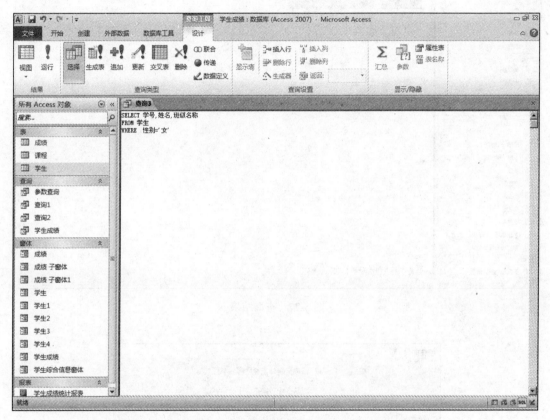

图 5-26   SQL 视图

3）单击"运行"按钮，进入查询的数据表视图，显示的结果如图 5-27 所示。

4. 窗体的创建

操作步骤如下：

1）打开"学生成绩"数据库，在"创建"选项卡中单击"窗体向导"按钮，在"窗体向导"对话框的"表/查询"中选择"表：学生"、在"可用字段"中选中所有字段，按此操作添加"课程"表的"课程名称"和"学分"字段、"成绩"表的"成绩"字段，操作结果如图 5-28 所示。

2）在图 5-28 中单击"下一步"按钮，弹出如图 5-29 所示对话框，选中"通过学生"查看数据方式和"带有子窗体的窗体"单选按钮。

3）在图 5-29 中单击"下一步"按钮，弹出如图 5-30 所示对话框，选中"数据表"单选按钮。

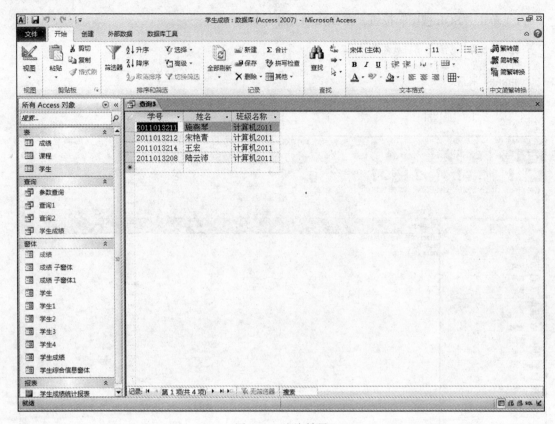

图 5-27　查询结果

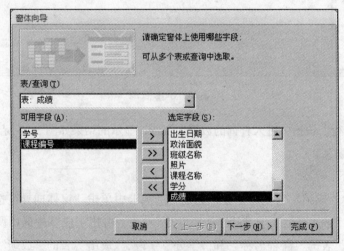

图 5-28　字段选择对话框

4）在图 5-30 中单击"下一步"按钮，弹出如图 5-31 所示对话框，在"窗体"栏中输入"学生综合信息窗体"、"子窗体"栏中输入"成绩子窗体 1"。

5）在图 5-31 中单击"完成"按钮，进入"学生综合信息窗体"，如图 5-32 所示。在本窗体中，可以实现学生综合数据信息浏览、修改等功能。

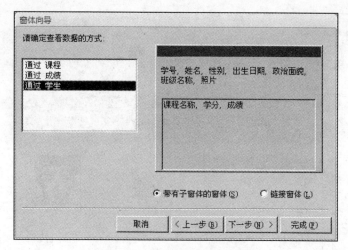

图 5-29　查看数据方式对话框

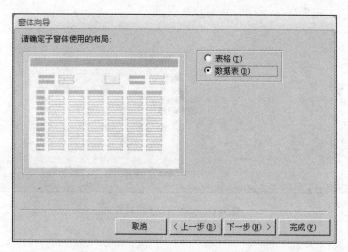

图 5-30　确定子窗体使用布局对话框

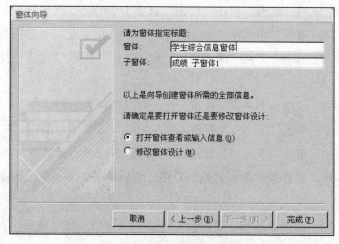

图 5-31　窗体指定标题对话框

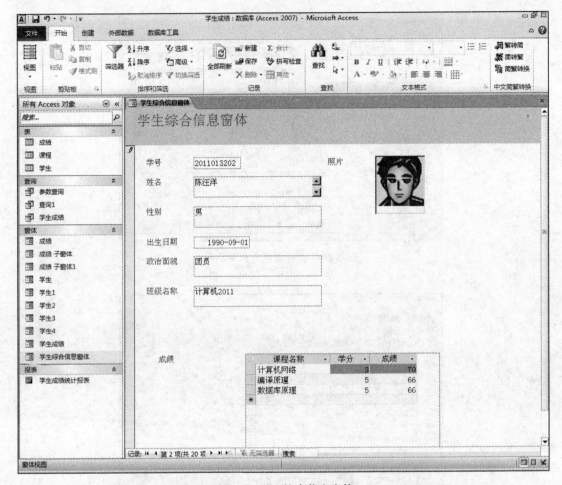

图 5-32 学生综合信息窗体

5. 报表的创建

操作步骤如下：

1）打开"学生成绩"数据库，在"创建"选项卡中单击"报表向导"按钮，在"报表向导"对话框的"表/查询"中选择"表：学生"、在"可用字段"中选中"学号"和"姓名"字段，按此操作添加"课程"表的"课程名称"和"学分"字段、"成绩"表的"成绩"字段，操作结果如图 5-33 所示。

2）在图 5-33 中，单击"下一步"按钮，进入如图 5-34 所示对话框。

3）在图 5-34 中，单击"下一步"按钮，进入如图 5-35 所示对话框。

4）在图 5-35 中，单击"下一步"按钮，进入如图 5-36 所示对话框。

5）在图 5-36 中，选择按"课程名称"升序，然后单击"下一步"按钮，进入如图 5-37 所示对话框。

6）在图 5-37 中，选择布局为"递阶"，方向为"纵向"，然后单击"下一步"按钮，进入如图 5-38 所示对话框。

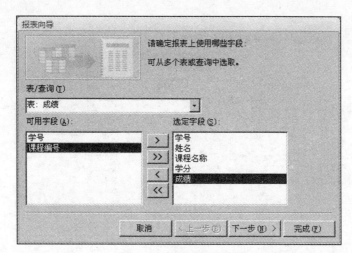

图 5-33　字段选择对话框

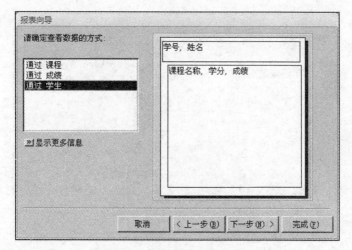

图 5-34　查看数据方式对话框

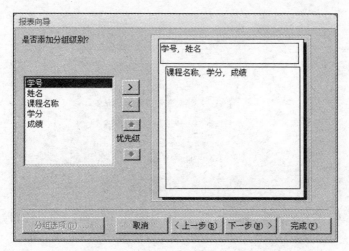

图 5-35　是否添加分组级别对话框

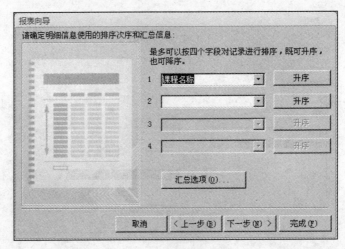

图 5-36　排序对话框

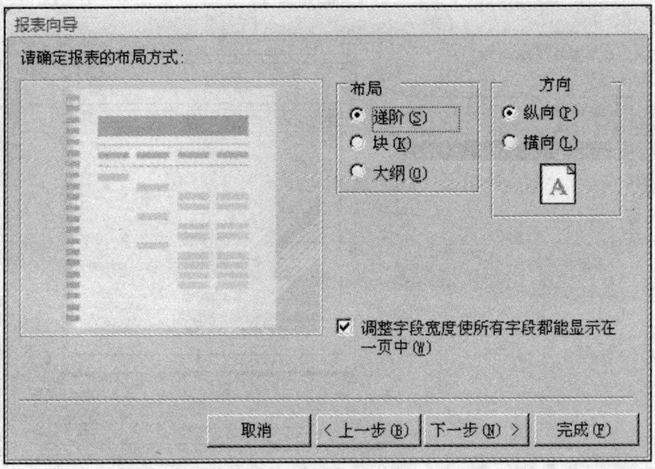

图 5-37　确定报表布局方式对话框

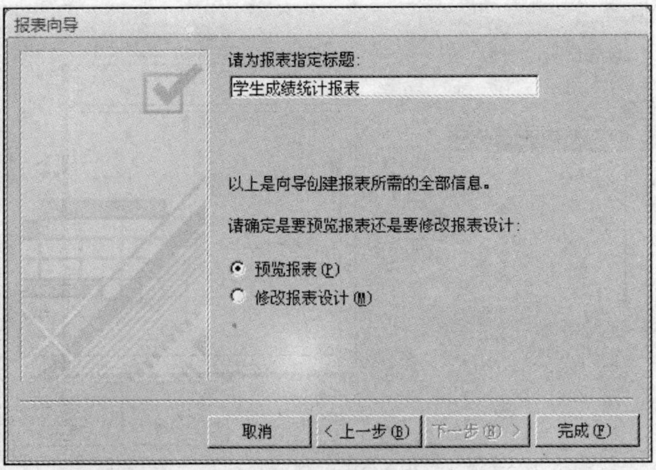

图 5-38　指定标题对话框

7）在图 5-38 中，输入报表指定标题为"学生成绩统计报表"，选择"预览报表"单选按钮，然后单击"完成"按钮。

8）在报表对象中，打开"学生成绩统计报表"，运行结果如图 5-39 所示。

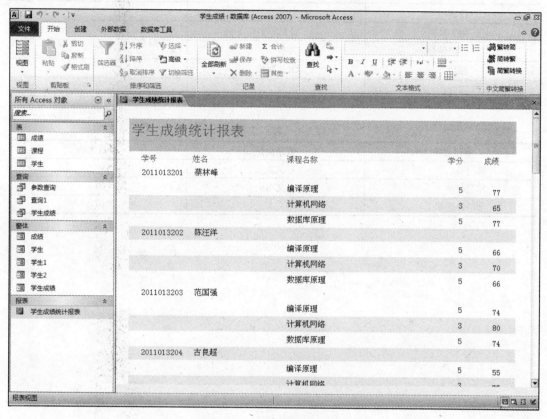

图 5-39　报表打开结果

三、实训内容

根据表 5-5 所示的职工信息表与表 5-6 所示的部门表，设计和制作一个"职工信息管理"数据库，实现如下操作：

1. 创建"职工信息管理"数据库。

2. 在"职工信息管理"数据库中创建职工信息表和部门表。

3. 将职工信息表的"职工号"设置为主键。

4. 创建"工资单"查询，显示职工号、姓名、部门和工资。

5. 用 SQL 查询出所有"工资大于 2000"的职工姓名。

6. 创建"职工信息"窗体，包括：职工号、姓名、部门名称、性别、出生日期、照片和工资。

7. 创建部门职工报表，包括：部门号、部门名称、职工号、姓名、性别、出生日期。

表 5-5　职工信息表结构

字段名称	数据类型	字段大小
职工号	文本	10
姓名	文本	10
性别	文本	2
出生日期	日期 / 时间	8
部门编号	文本	20
照片	OLE 对象	
工资	货币	

表 5-6　部门表结构

字段名称	数据类型	字段大小
部门号	文本	5
部门名称	文本	20
部门经理职工号	文本	10

第6章 多媒体应用技术

实验一 利用 Photoshop 制作立体字

一、实验目的

1. 掌握图层的复制。

2. 掌握栅格化文字。

3. 掌握图层的链接与合并。

二、实验内容和步骤

1）新建图像。启动 Photoshop，选择"文件"→"新建"命令，弹出"新建"对话框，在对话框中设置文件名为"立体字"，宽度和高度分别为 600 和 400 像素，如图 6-1 所示。单击"确定"按钮后进入编辑状态。按"Ctrl+O"键将图像缩放到最适合的大小。

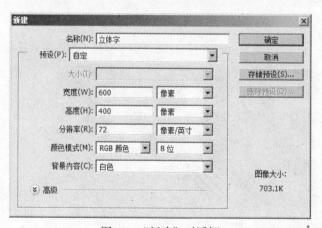

图 6-1 "新建"对话框

2）选择文字工具（ T. ），单击进入文字编辑模式。输入"浙江工业大学"，选中所输入的文字，在工具选项栏中将字体设置为"黑体"。按下"Ctrl"键，文字周围出现控制手柄。将鼠标指针定位在控制手柄上进行拖动，把文字缩放到合适的大小，如图 6-2 所示，按"Ctrl+Enter"键，确定文本输入，退出文本编辑状态。

3）在图层面板中，右键单击文字图层，在弹出的菜单中选择"栅格化文字"，将文字图层转化为普通图层。按住"Ctrl"键，左键单击图层面板中"浙江工业大学"图层缩览图，选取图像中的文字，单击工具箱中的渐变工具（ ▣ ），在渐变工具选项栏中单击渐变样本（ ▭▾ ）边的三角形，选择一种预设的渐变样式，如图 6-3 所示。

图 6-2　缩放文字大小

图 6-3　渐变样本

　　在图像中按住鼠标左键拖动，用渐变填充所选择的区域。如图 6-4 所示，按"Ctrl+D"键取消选择。

　　4）复制图层。按住"Alt"键，按下键盘中的"←"、"↑"、"↓"或"→"方向键可以复制一个图层并使图层在上下左右方向各移动一个像素的距离。在图层面板中，选中"浙江工业大学"图层。按"Alt+↑"键复制图层并使复制的图层向上移动一个像素距离。重复同样的方法，共复制 10 个图层，产生出立体的效果，如图 6-5 所示。

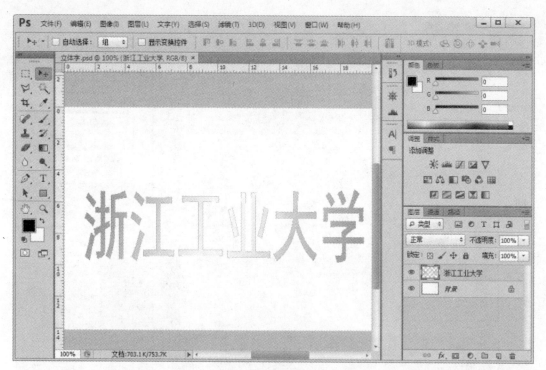

图 6-4 渐变填充

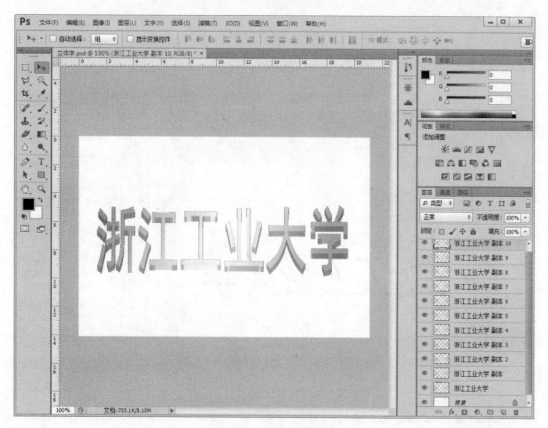

图 6-5 复制图层

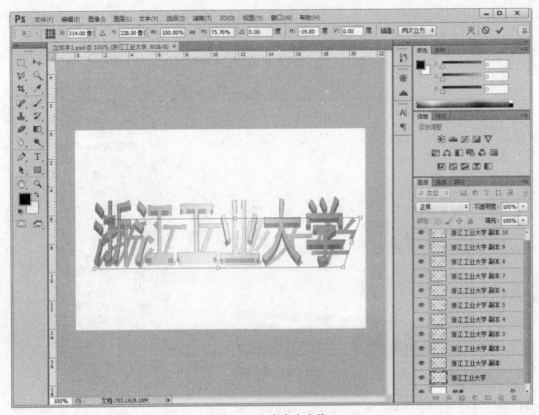

图 6-6　文字自由变换

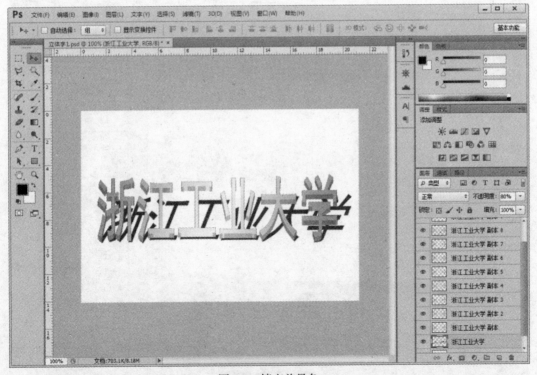

图 6-7　填充前景色

5）制作立体字的影子。在图层面板中，单击选择最下面的"浙江工业大学"图层，按"Ctrl+T"键，对图像做自由变换。将鼠标指针定位在上面的控制手柄上，按住左键向下拖动，将文字的高度缩小。单击鼠标右键，在弹出的快捷菜单中选择"斜切"，将鼠标指针定位到上面的控制手柄上，按住左键向右拖动，如图6-6所示。按"Ctrl+Enter"键以确定。

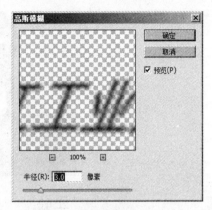

6）按住"Ctrl"键，单击"浙江工业大学"图层中的图层缩览图，选取文字，按"Alt+Delete"键填充前景色。按"Ctrl+D"键，取消选择。在图层面板中，将"不透明度"设置为"80%"。完成后效果如图6-7所示。

7）选择"滤镜"→"模糊"→"高斯模糊"，在弹出的"高斯模糊"对话框中，设置半径值，如图6-8所示。

图6-8 "高斯模糊"对话框

8）合并除背景层外的所有图层。如果要同时处理多个图层中的内容，比如同时对多个图层进行旋转、缩放、对齐或合并等操作，那么可以将这些图层链接在一起。在图层面板中，同时选中除背景层外的所有图层，单击图层面板底部的"链接图层"按钮（ ⊖ ），即可将选择的图层链接在一起，如图6-9所示。图层链接后，选择"图层"→"合并图层"命令，即可将链接的图层合并为一个图层。

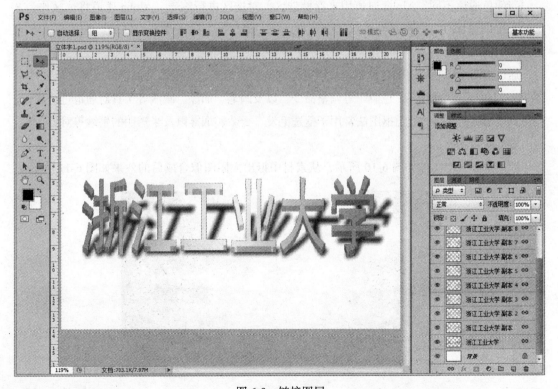

图6-9 链接图层

三、实训内容

使用 Photoshop 在下图中制作出水中倒影的效果。

实验二　利用 Photoshop 通道抠图

一、实验目的

掌握 Alpha 通道的使用方法。

二、实验内容和步骤

与颜色通道不同，Alpha 通道用来存储选区，对选区进行编辑。Alpha 通道将选区作为 8 位的灰度图像保存，白色部分表示完全选中区域，黑色部分表示未选中区域，灰色则表示羽化选中的区域。

通道抠图主要利用图像色差差别或明度差别来创建选区，在操作过程中可以多次重复使用"亮度 / 对比度"、"曲线"、"色阶"等调整命令，以及画笔、加深、减淡等工具对通道进行调整，以得到最精确的选区。通道抠图法常用于抠选毛发、云朵、烟雾以及半透明的婚纱等对象。

实验内容：

原始森林天空图像如图 6-10 所示，从素材中抠出太阳图像合成后的效果如图 6-11 所示。

图 6-10　原始图

图 6-11　合成后效果图

具体步骤如下：

1）打开背景素材文件，再导入太阳素材文件，如图 6-12 所示。

图 6-12　导入素材

2）单击图层面板中背景层中的"指示图层可见性"按钮，先将背景图隐藏。如图 6-13 所示。

图 6-13　隐藏背景层

3）从太阳图中抠出太阳。进入"通道"面板，可以看出"红"通道中的太阳颜色与背景
颜色差异较大，在"红"通道上单击鼠标右键，在弹出的快捷菜
单中选择"复制通道"命令，此时会出现一个新的"红副本"通道，
如图6-14所示，图像效果如图6-15所示。

'4）为了创建太阳部分选区，需要增大太阳与背景色的差距，
按"Ctrl+M"组合键，打开"曲线"对话框。选择黑色吸管，在
视图中多次吸取背景颜色，使背景颜色变黑，如图6-16所示，效
果如图6-17所示。

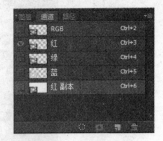

图6-14　复制通道

图6-15　红色通道图像

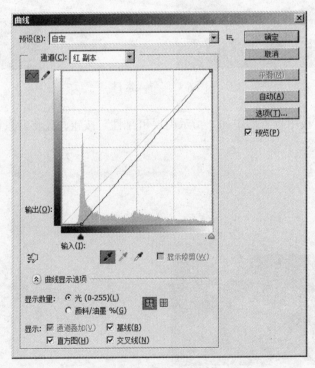

图6-16　"曲线"对话框

图 6-17　背景加黑效果图

5）使用减淡工具，在其选项栏中设置"范围"为"高光"，"曝光度"为 50%，如图 6-18 所示，使用减淡画笔工具，在太阳上绘制涂抹，使太阳减淡。对于云朵，不需要的话可以用黑色画笔涂抹掉。然后按住"Ctrl"键，单击"红副本"通道会出现选区，如图 6-19 所示。

图 6-18　"减淡工具"选项栏

6）回到"图层"面板，为天空图层增加一个图层蒙版，如图 6-20 所示。添加蒙版后的效果如图 6-21 所示。

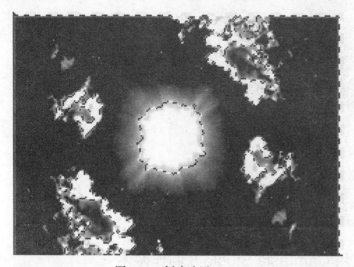

图 6-19　创建选区

图 6-20　添加蒙版

7）单击背景层"指示图层可见性"按钮，显示背景图像，按住"Ctrl+T"组合键，调整太阳的位置和大小。最后效果如图 6-11 所示。

图 6-21　添加蒙版后的效果图

三、实训内容

使用 Photoshop 通道抠出下图中的头发。

实验三　利用 Camtasia Studio 8 制作微课

一、实验目的

掌握使用 Camtasia Studio 8 录制与编辑视频。

二、实验内容和步骤

1）制作好 PPT，如图 6-22 所示。

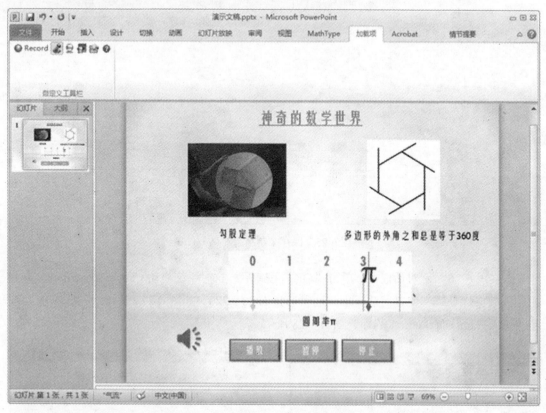

图 6-22　PPT 页面

2）录制 PPT。

①安装 Camtasia Studio 8 软件后，在 PPT 工具栏中有一个"加载项"选项卡，单击后可以看到 Camtasia Studio 工具栏（● Record 🖼🖼🖼🖼❓）。单击"录制"按钮（● Record），这时 PPT 自动进入全屏。并出现如图 6-23 所示录制对话框。

②单击图 6-23 中"开始录制"按钮（● Click to begin recording），进入录制，这时可以一边讲解一边演示。

③按"ESC"键，结束录制，弹出如图 6-24 所示停止录制对话框，在对话框中单击"停止录制"按钮（Stop recording），弹出保存录制结果对话框，如图 6-25 所示。

④在如图 6-25 所示对话框中，选择保存路径并设置文件名，单击"保存"按钮后，弹出导出视频或编辑视频选择对话框，如图 6-26 所示，选择"编辑视频"。

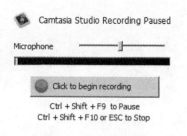

图 6-23　录制对话框

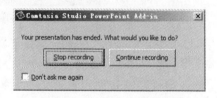

图 6-24　停止录制对话框

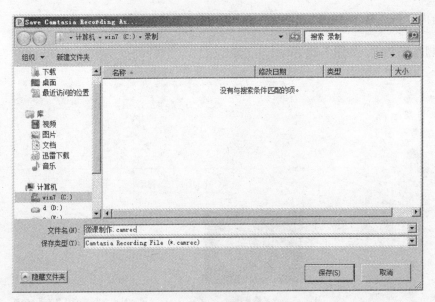

图 6-25　保存录制结果对话框

⑤在图 6-26 所示对话框中，单击"OK"按钮后，这时系统启动 Camtasia Studio 8。在弹出的视频文件分辨率设置对话框中，这里选择 1280×720，如图 6-27 所示。单击"OK"按钮。进入 Camtasia Studio 8 界面，如图 6-28 所示。

图 6-26　编辑或生成选择对话框

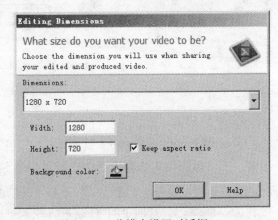

图 6-27　分辨率设置对话框

3）编辑视频。

①利用 Camtasia Studio 库里内置的剪辑给录制的视频加上片头。为便于操作，拖动时间轴刻度缩放工具（ 🔍━━●━━━━🔍 ），缩小时间轴，拖动轨道（Track）1、轨道 2 中的媒体剪辑，为将要插入的剪辑留出位置。如图 6-29 所示。

②单击库按钮（ 🔲 ），选择"Music-Amity"文件夹下"Short"声音剪辑，按住鼠标左键拖动到轨道 1，选择"Theme-Exposed Features"文件夹下"Animated Title"视频剪辑，按住鼠标左键拖动到轨道 2，将播放轴拖动到"Animated Title"剪辑结束处。如图 6-30 所示。

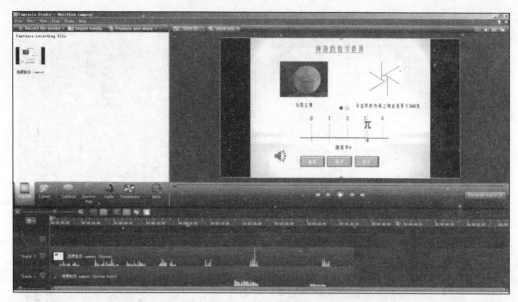

图 6-28　编辑界面一

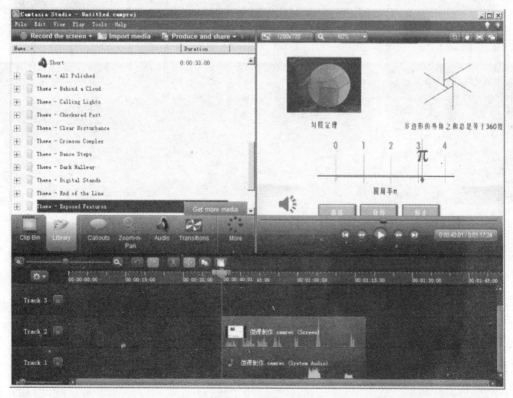

图 6-29　编辑界面二

③在图 6-30 中，单击选中轨道 1 中的"Short"剪辑，单击工具栏中的分割工具，将剪辑分成左右两个媒体，右键单击右边部分，在弹出的快捷菜单中单击"删除"。将后面的"微课制作"剪辑往前拖动到前面剪辑的结束处，完成后的时间轴如图 6-31 所示。

图 6-30   编辑界面三

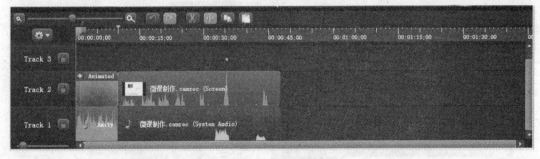

图 6-31   时间轴

④在图 6-31 中，单击"Animated Title"媒体剪辑上面的打开组按钮（），双击出现的文本备注标示，在编辑区的文本输入框中删除原来的"Enter Title Here"文字，输入"浙江工业大学毛科技"，适当设置字体大小。如图 6-32 所示，单击预览区的播放按钮（），可以看到剪辑的效果。

⑤缩放镜头。将播放轴拖到需要缩放的地方，点击缩放按钮（），出现选择窗口，在选择窗口中可以通过拖动控制手柄进行缩放操作。如图 6-33 所示。

⑥添加过渡效果。单击工具栏中的过渡按钮（），选择一种过渡样式，按住鼠标左键拖动到片头的结束处。在预览窗口中单击"播放"按钮，可以看到过渡效果。

⑦生成视频。视频剪辑完毕就可以生成所需要的视频了，单击菜单中"文件"→"生成并共享"命令，弹出生成向导对话框，在下拉列表中进行生成格式设置。如图 6-34 所示单击"下一步"按钮。

图 6-32 编辑界面四

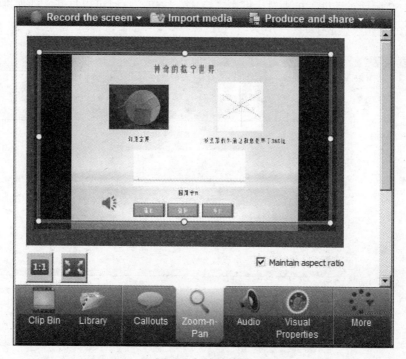

图 6-33 缩放镜头

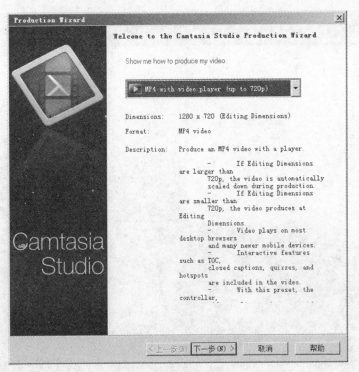

图 6-34　生成向导对话框一

⑧在弹出的对话框中，设置保存的路径和文件名，如图 6-35 所示，单击"保存"按钮后弹出如图 6-36 所示对话框，单击"完成"按钮。这时视频将自动进行渲染。渲染完成后，会出现如图 6-37 所示对话框，单击对话框中"完成"按钮。这时可以打开文件夹进行查看，可以看到所需的视频已生成了。

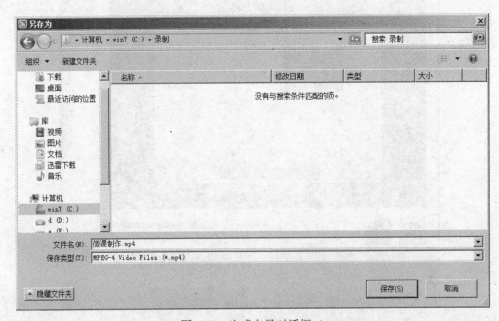

图 6-35　生成向导对话框二

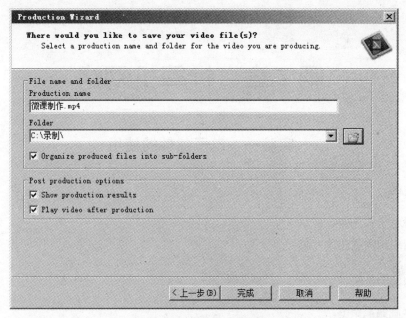

图 6-36 生成向导对话框三

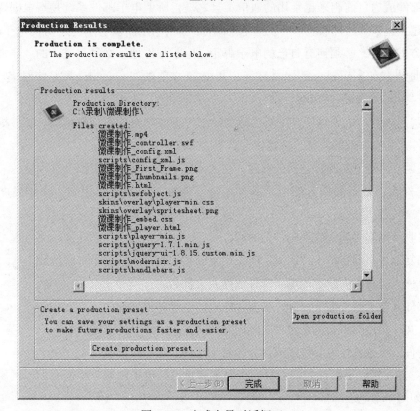

图 6-37 生成向导对话框四

三、实训内容

仿照实验三，动手录制微课。

第7章 计算机网络

实验一 电子邮件的使用

一、实验目的

1. 掌握电子邮件的申请。
2. 掌握利用浏览器收发邮件。

二、实验内容和步骤

1. 电子邮箱的申请

电子邮件成为目前越来越常用的通信工具之一，所谓电子邮件系统是指根据普通邮政服务的模型建立起来的软件系统。要发送电子邮件给某个用户，必须知道对方的电子邮件地址；要接收对方的邮件，必须拥有自己的电子邮箱。电子邮件地址必须是唯一的。通常一个电子邮件的地址格式如 xiaoming@zjut.edu.cn，其中 @ 之前的"xiaoming"是帐号名（邮箱名），@ 之后的"zjut.edu.cn"为域名。

然而我们收到的电子邮件，主要由标题、邮件正文和附件等信息组成。邮件标题包含了相关的发件人和收件人的信息，标题包含以下信息：

1）主题。主题是对邮件题目的描述，在大多数电子邮件系统中都会有所显示。

2）发件人。就是发件人的电子邮件地址。通常与回复地址相同，除非提供的是另一地址。

3）接收日期和时间。收到邮件的时间。

4）回复地址。即在单击"回复"时，回复邮件之收件人的电子邮件地址。

5）收件人。发件人设定的电子邮件收件人的姓名。

6）收件人电子邮件地址。邮件被实际送达的电子邮件地址。

7）正文。邮件的正文就是包含实际内容的文本。

8）附件。可包含作为邮件组成部分的若干文件，也可以没有。

在给对方发送电子邮件之前，我们需要拥有自己的电子邮箱，下面我们以网易免费邮箱为例介绍如何申请电子邮箱。

（1）单击"注册免费邮箱"进入

在网易首页单击"注册免费邮箱"，进入注册页面，如图 7-1 所示。

（2）填写注册信息

在出现的注册信息页面中填写注册信息，如图 7-2 所示，然后单击"创建帐号"。

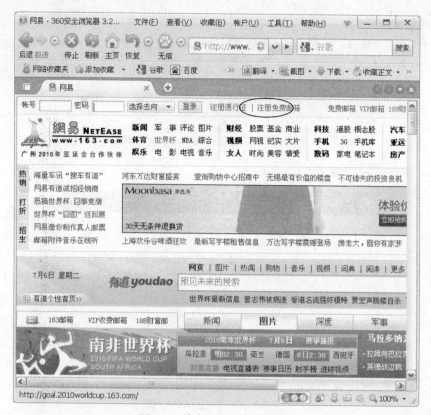

图 7-1 单击"注册免费邮箱"

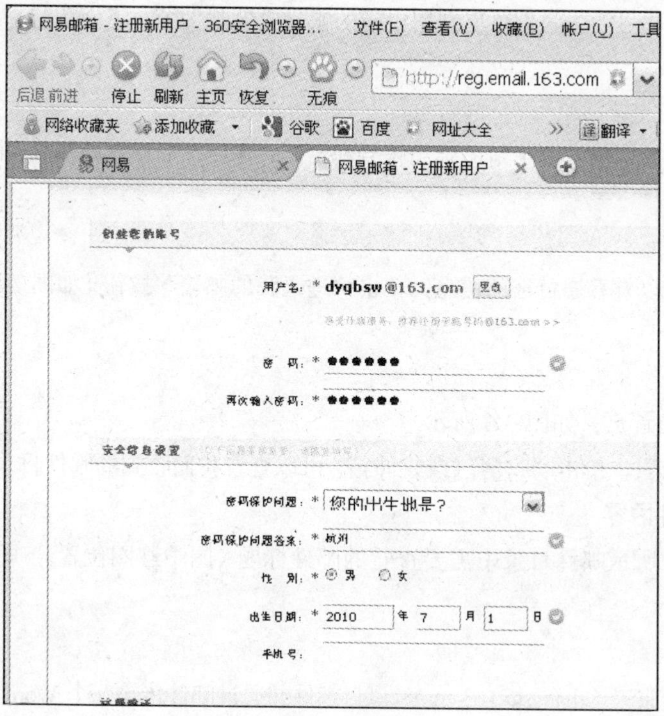

图 7-2 填写注册信息

（3）注册确认

在出现的"注册确认"页面中，按要求填写注册确认信息，如图7-3所示，然后单击"确定"按钮，至此邮箱申请完成。

图 7-3   填写注册确认信息

2. 利用浏览器收发邮件

在注册了邮箱帐号后，我们可以利用申请的帐号收发邮件了，下面我们介绍如何利用浏览器来收发邮件。

（1）登录

在网易首页，我们输入刚申请的邮箱帐号和密码，单击"登录"按钮（如图7-4所示），进入邮箱。

（2）进入邮箱

登录后我们可以查看通行证的信息，单击"进入我的邮箱"按钮（如图7-5所示），进入我们的邮箱。

（3）收信

进入电子邮箱首页，如图7-6所示。

在电子邮箱首页，单击"收信"（或收件箱）可以查看我们收到的邮件目录，如图7-7所示。

（4）查看邮件内容

单击如图7-7所示邮件目录中需要查看的邮件标题（图中红圈位置），即可查看邮件内容，如图7-8所示。

（5）写信

如果我们想给张三（zhangs@163.com）写封邮件并通过邮件传输一个 Word 文件通知，我们需要在邮箱页面（如图7-8所示）中单击"写信"，然后填写相关信息如图7-9所示后单击"发送"。

图 7-4　输入帐号和密码进行登录

图 7-5　查看通行证

图 7-6　电子邮箱首页

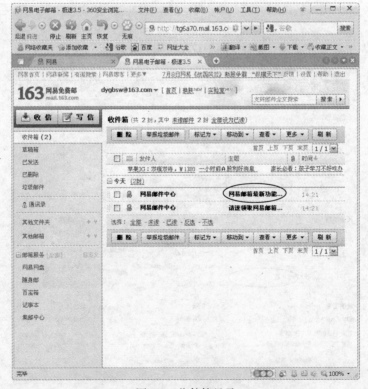

图 7-7　收件箱目录

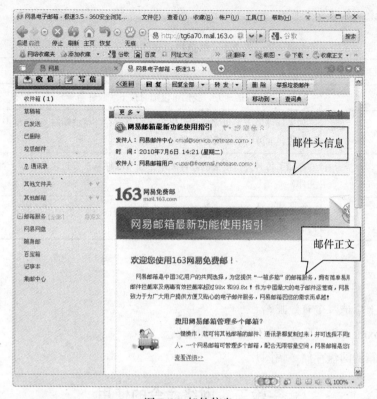

图 7-8　邮件信息

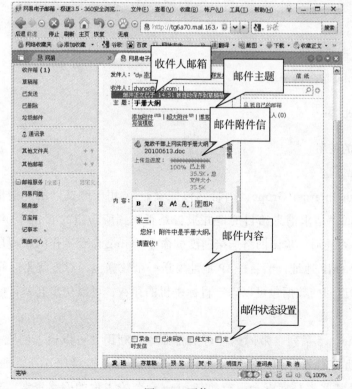

图 7-9　写信

邮箱栏目说明如表 7-1 所示。

表 7-1　邮箱栏目说明表

邮箱栏目	说　　明
收件箱	这是存放邮件的地方，我们可以随时按下"收件箱"来阅读邮件
草稿箱	如果邮件尚未编辑完成，可以先将它存放在"草稿箱"，只要单击"草稿箱"内的该邮件，就可以继续编辑邮件
已发送	存储了每封发送出去的邮件副本，通常邮件真正发送之后，才会存储到"已发送"文件夹
已删除	删除的邮件会先存放在"已删除"文件夹，一段时间后可以清空"已删除"文件夹内的邮件

三、实训内容

1. 在网易上申请一个有效邮箱。

2. 利用 Foxmail 和网页进行邮件的发送和接收。

3. 使用邮箱的网盘存储一幅图片。

实验二　网络命令的使用

一、实验目的

1. 掌握 ping 命令的使用。

2. 掌握 ipconfig 命令的使用。

二、实验内容与步骤

1.ping 命令的使用

（1）关于 ping

ping（Packet Internet Grope，因特网包探索器），用于测试网络连接量的程序。ping 发送一个 icmp 回声请求消息给目的地并报告是否收到所希望的 icmp 回声应答。ping 是用来检查网络是否连通，检测网络连接速度的命令。ping 命令工作的原理是：网络上的机器都有唯一确定的 IP 地址，给目标 IP 地址发送一个数据包，对方就要返回一个同样大小的数据包，根据返回的数据包可以确定目标主机的存在，可以初步判断目标主机的操作系统等。

ping 是 Windows 系列自带的一个可执行命令。利用它可以检查网络是否能够连通，可以很好地帮助我们分析和判断网络故障。ping 指的是端对端连通，通常用来作为可用性检查，但是某些木马病毒会强行执行 ping 命令抢占你的网络资源，导致系统变慢，网速变慢。严禁 ping 入侵已作为大多数防火墙的一个基本功能提供给用户进行选择。
ping 命令还可以加入许多参数使用，键入 ping 按回车键即可看到详细说明，如图 7-10
所示。

图 7-10　ping 命令的帮助信息

部分参数说明：

-t：校验与指定计算机的连接，直到用户中断。若要中断可按快捷键"Ctrl+C"。

-a：将地址解析为计算机名。

-n count：发送由 count 指定数量的 ECHO 报文，默认值为 4。

-f：在包中发送"不分段"标志。该包将不被路由上的网关分段。

-i TTL：将"生存时间"字段设置为 TTL 指定的数值。其中 TTL 表示从 1 到 255 之间
的数。

-v TOS：将"服务类型"字段设置为 TOS 指定的数值。

-r count：在"记录路由"字段中记录发出报文和返回报文的路由。指定的 count 值最小
可以是 1，最大可以是 9。

（2）ping 测试

● ping 127.0.0.1

127.0.0.1 是本地循环地址，如果本地址无法 ping 通，则表明本机 TCP/IP 协议不能正常
工作。如图 7-11 所示表示本机 TCP/IP 协议工作正常。

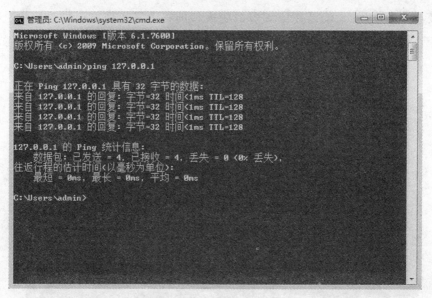

图 7-11   ping 127.0.0.1 结果图

- ping 本机 IP 地址

例如本机 IP 地址为：192.168.1.105。则执行命令 ping 192.168.1.105。如果网卡安装配置没有问题，如图 7-12 所示表明网络适配器（网卡或 Modem）工作正常，网络适配器未出现故障。

图 7-12   ping 本机 IP 地址

- ping 网关 IP 地址

假定网关 IP 地址为：192.168.1.1，则执行命令 ping 192.168.1.1。在 MS-DOS 方式下执行此命令，结果如图 7-13 所示，表明本机与网关连通。

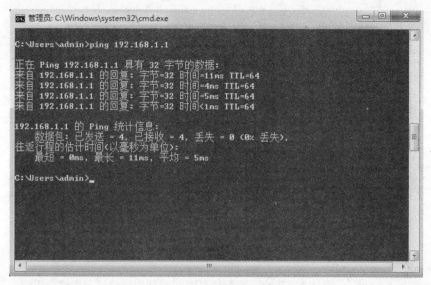

图 7-13　ping 网关结果

- **ping 远程 IP 地址或者域名**

例如 ping 百度的 IP 地址和域名如图 7-14 和图 7-15 所示，结果都为连通。

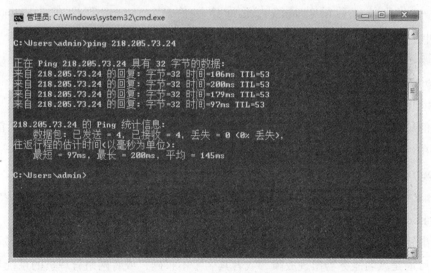

图 7-14　ping 百度 IP 地址结果

（3）ping 过程中常见错误

用 ping 在检查网络连通的过程中可能出现一些错误，总的来说分为两种最常见错误。

1）request timed out。提示 "request time out" 除了对方可能装有防火墙或已关机以外，还有就是本机的 IP 不正确和网关设置错误。IP 不正确主要是 IP 地址设置错误或 IP 地址冲突，可以利用 ipconfig /all 命令来检查。网关设置错误主要是网关地址设置不正确或网关没有帮助你转发数据，还有就是可能远程网关失效。这里主要是在 ping 外部网络地址时出错。错误表现为无法 ping 外部主机并返回信息 "request time out"。

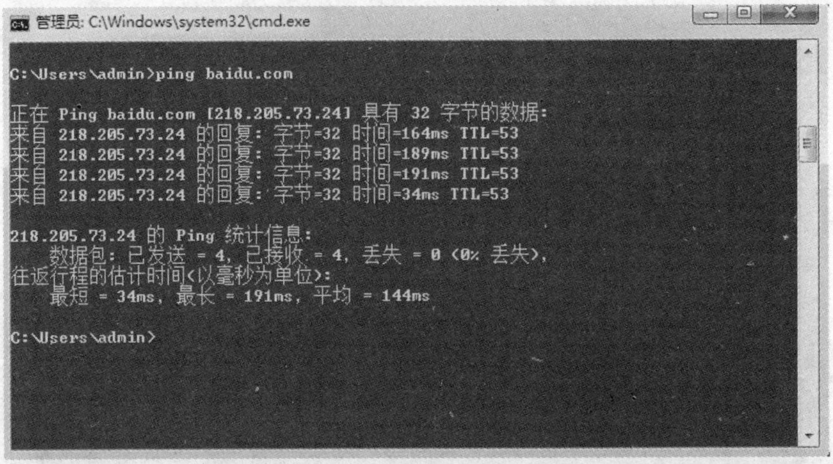

图 7-15   ping baidu.com 结果

2）destination host unreachable。开始 ping 网络计算机时如果网络设备出错会提示"destination host unreachable"。如果局域网中使用动态主机配置协议（Dynamic Host Configuration Protocol, DHCP）分配，但 DHCP 失效，这时 ping 命令就会产生该错误。DHCP 失效时客户机无法分配到 IP 地址，所以会出现"destination host unreachable"。

还有一个比较特殊的就是路由返回错误信息，它一般都会在"destination host unreachable"前加上 IP 地址说明哪个路由不能到达目标主机。这说明你的机器与外部网络连接没有问题，但与某台主机连接存在问题。

（4）ping 的其他各类反馈信息

● bad IP address

这个信息表示可能没有连接到 DNS 服务器，所以无法解析这个 IP 地址，也可能是该 IP 地址不存在。

● source quench received

这个信息比较特殊，它出现的概率很低。它表示对方或中途的服务器繁忙而无法回应。

● unknown host——不知名主机

这种出错信息的意思是，该远程主机的名字不能被域名服务器（DNS）转换成 IP 地址。故障原因可能是域名服务器出现故障，或者其名字不正确，或者网络管理员的系统与远程主机之间的通信线路有故障。

● no answer——无响应

这种故障说明本地系统有一条通向中心主机的路由，但却接收不到它发送给该中心主机的任何信息。故障原因可能是下列之一：中心主机没有工作；本地或中心主机网络配置不正确；本地或中心的路由器没有工作；通信线路有故障；中心主机存在路由选择问题。

2.ipconfig 命令的使用

（1）关于 ipconfig

ipconfig 用于显示当前的 TCP/IP 配置的设置值，这些信息一般用来检验人工配置的 TCP/

IP 设置是否正确。但是，如果你的计算机和所在的局域网使用了 DHCP，这个程序所显示的信息也许更加实用。通过 ipconfig 可以了解计算机是否成功地租用到一个 IP 地址，如果租用到则可以了解它分配的是什么地址、子网掩码和网关等。

（2）ipconfig 常用参数说明

在 DOS 方式下输入 ipconfig /? 进行参数查询，如图 7-16 所示。

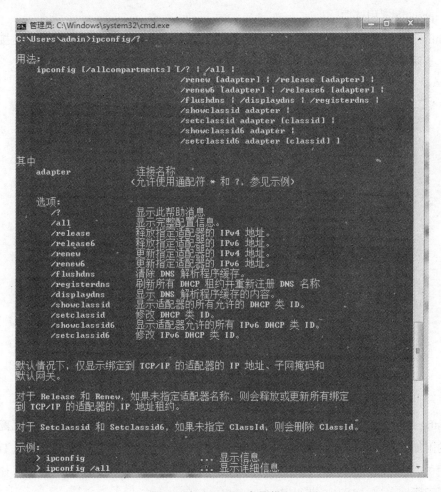

图 7-16   IPConfig 参数信息

ipconfig /all：显示本机 TCP/IP 配置的详细信息。

ipconfig /release：DHCP 客户端手工释放 IP 地址。

iIpconfig /renew：DHCP 客户端手工向服务器刷新请求。

ipconfig /flushdns：清除本地 DNS 缓存内容。

ipconfig /displaydns：显示本地 DNS 内容。

ipconfig /registerdns：DNS 客户端手工向服务器进行注册。

ipconfig /showclassid：显示网络适配器的 DHCP 类别信息。

ipconfig /setclassid：设置网络适配器的 DHCP 类别。

ipconfig /renew "Local Area Connection"：更新"本地连接"适配器的由 DHCP 分配 IP 地址的配置。

ipconfig /showclassid Local*：显示名称以 Local 开头的所有适配器的 DHCP 类别 ID。

ipconfig /setclassid "Local Area Connection" TEST：将"本地连接"适配器的 DHCP 类别 ID 设置为 TEST。

（3）ipconfig 常用选项

ipconfig——当使用 ipconfig 时不带任何参数选项，那么它为每个已经配置了的接口显示 IP 地址、子网掩码和默认网关值。如图 7-17 所示机器无线网卡 IP 配置图。

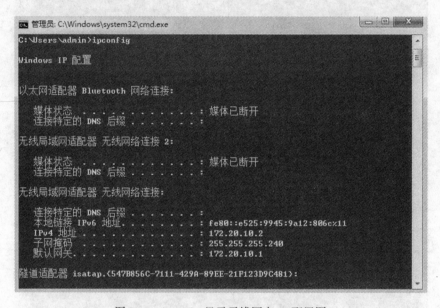

图 7-17 ipconfig 显示无线网卡 IP 配置图

ipconfig /all——当使用 all 选项时，ipconfig 能为 DNS 和 WINS 服务器显示它已配置且所要使用的附加信息，并且显示内置于本地网卡中的物理地址信息。如果 IP 地址是从 DHCP 服务器租用的，ipconfig 将显示 DHCP 服务器的 IP 地址和租用地址预计失效的日期。如图 7-18 所示机器无线网卡通过 DHCP 获得 IP 地址等相关信息。

ipconfig /release 和 ipconfig /renew——这是两个附加选项，只能在向 DHCP 服务器租用其 IP 地址的计算机上起作用。ipconfig /release 命令将所有接口的租用 IP 地址重新交付给 DHCP 服务器（归还 IP 地址），如图 7-19 所示为 ipconfig /release 命令将无线网络断开。ipconfig /renew 命令将本地计算机与 DHCP 服务器取得联系，并租用一个 IP 地址。

三、实训内容

1. 使用 ping 命令查看本机与网关的连通情况。

2. 使用 ping 命令查看网易的 IP 地址及连通情况。

3. 使用 ipconfig 命令查看本机的 IP 地址、子网掩码和默认网关。

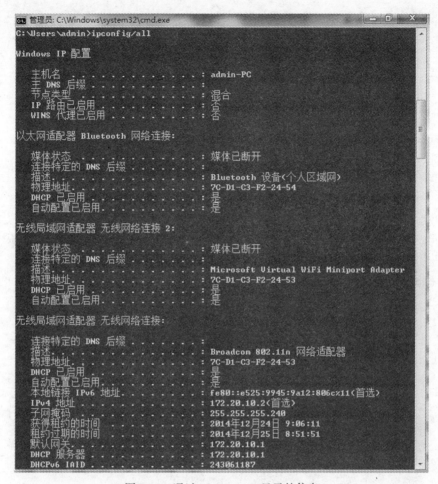

图 7-18 通过 ipconfig /all 显示的信息

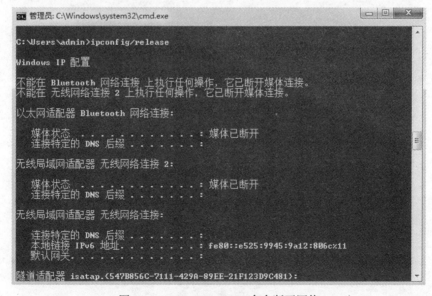

图 7-19 ipconfig /release 命令断开网络

参 考 文 献

［1］ 毛科技.大学计算机基础［M］.北京：机械工业出版社，2013.

［2］ 谢希仁.计算机网络［M］.6版.北京：电子工业出版社，2013.

［3］ 陈庆章.大学计算机网络基础［M］.2版.北京：机械工业出版社，2010.

［4］ 茅临生.党政干部上网实用手册［M］.杭州：浙江科学技术出版社，2011.

［5］ 齐幼菊.大学信息技术应用基础实践教程［M］.杭州：浙江科学技术出版社，2014.

［6］ 郑纬民.计算机应用基础：Excel 2010电子表格系统［M］.北京：中央广播电视大学出版社，2012.

［7］ 龚祥国.Photoshop CS2图像处理实用教程［M］.2版.北京：科学出版社，2007.

推荐阅读

Access 2010数据库程序设计教程
作者: 熊建强 等 ISBN: 978-7-111-43681-2 定价: 39.00元

数据库原理及应用
作者: 王丽艳 等 ISBN: 978-7-111-40997-7 定价: 33.00元

数据库与数据处理：Access 2010实现
作者: 张玉洁 等 ISBN: 978-7-111-40611-2 定价: 35.00元

C语言程序设计：问题与求解方法
作者: 何勤 ISBN: 978-7-111-40002-8 定价: 36.00元

Visual C++ .NET程序设计教程 第2版
作者: 郑阿奇 等 ISBN: 978-7-111-40084-4 定价: 36.80元

计算机网络教程 第2版
作者: 熊建强 等 ISBN: 978-7-111-38804-3 定价: 39.00元

推荐阅读

计算机系统：系统架构与操作系统的高度集成

作者：Umakishore Ramachandran 等 译者：陈文光 等

计算机系统概论

作者：Yale N. Patt 等 译者：梁阿磊 等 ISBN: 978-7-111-21556-1 定价: 49.00元

C程序设计语言（第2版）

作者：Brian W. Kernighan 等译者：徐宝文 等 ISBN: 978-7-111-12806-0 定价: 30.00元

C程序设计导引

作者：尹宝林 ISBN: 978-7-111-41891-7 定价: 35.00元